EXPLICATION

DE

LA CARTE

GÉOLOGIQUE AGRONOMIQUE

de

L'ARRONDISSEMENT DE RETHEL

DÉPARTEMENT DES ARDENNES

Publiée sous les auspices du Conseil général

PAR

MM. **MEUGY,** Inspecteur général honoraire des Mines

et **NIVOIT,** Ingénieur des Mines

—◁✕▷—

CHARLEVILLE

ÉDOUARD JOLLY, LIBRAIRE-ÉDITEUR

Grande Place et rue du Moulin

—

1878

EXPLICATION

DE

LA CARTE

GÉOLOGIQUE AGRONOMIQUE

DE

L'ARRONDISSEMENT DE RETHEL

(ARDENNES)

CHARLEVILLE

TYPOGRAPHIE F. DEVIN ET Cie

14, rue de Clèves, 14

EXPLICATION

DE

LA CARTE

GÉOLOGIQUE AGRONOMIQUE

de

L'ARRONDISSEMENT DE RETHEL

DÉPARTEMENT DES ARDENNES

Publiée sous les auspices du Conseil général

PAR

M. MEUGY, Inspecteur général honoraire des Mines

et **NIVOIT,** Ingénieur des Mines

—⌊⌸⌋—

CHARLEVILLE

ÉDOUARD JOLLY, LIBRAIRE-ÉDITEUR

Grande Place et rue du Moulin

—

1878

AVANT-PROPOS

––––––

Une délibération du Conseil général du département des Ardennes, en date du 28 août 1866, nous a chargés d'exécuter la Carte géologique agronomique de ce département.

Nous avons jugé utile de scinder notre travail par arrondissement, et, en 1873, nous avons publié la Carte de l'arrondissement de Vouziers, ainsi qu'un volume de texte destiné à compléter les indications de cette carte et à contenir une foule de faits et de renseignements qui n'eussent pu y trouver place.

Nous rappellerons ici en quelques mots quel est le plan de ce volume qui, sous le titre de *Statistique agronomique de l'arrondissement de Vouziers*, comprend une introduction et six chapitres.

Dans l'*Introduction*, nous montrons quelle est l'utilité des cartes agronomiques, quel est le but qu'elles ont en vue, quels services elles sont appelées à rendre, et nous indiquons les procédés que nous avons suivis pour exécuter l'œuvre qui nous était confiée.

Le chapitre Ier, ou *Description physique*, donne des renseignements sur la situation et l'étendue de l'arrondissement, la constitution topographique du sol, l'hydrographie. Les eaux, qui ont une grande importance pour le cultivateur, sont examinées tant sous le rapport de leur distribution que sous ceux de leur composition et de leurs usages.

Dans le chapitre II (*Description minéralogique et agronomique*), chaque terrain est décrit avec détails. Nous indiquons ses caractères topographiques, son étendue, sa répartition, sa constitution minéralogique, les matières utiles qu'il peut fournir, les caractères, la nature et la composition chimique des terres qui le recouvrent, l'hydrographie souterraine.

Dans le chapitre III (*Cultures*), nous passons en revue les diverses cultures de l'arrondissement, en faisant connaître l'étendue qu'elles occupent, leur répartition sur les divers terrains, les sols qui leur conviennent le mieux, leur rendement, les engrais et amendements qui leur sont le mieux appropriés.

Dans le chapitre IV (*Engrais et amendements*), nous étudions celles de ces matières qui sont fournies dans l'arrondissement de Vouziers par l'agriculture elle-même, l'industrie et le sous-sol, telles que le fumier de ferme, divers résidus d'usines, les phosphates fossiles, la marne, les cendres, les calcaires, etc.

Le chapitre V contient un certain nombre de données qui se rattachent plus ou moins directement au sujet traité et qui concernent la population dans ses rapports avec le sol, les divers modes d'exploitation de la terre, les propriétés bâties, les matériaux de construction, les voies de communication.

Enfin, dans le chapitre VI, toutes les communes de l'arrondissement sont décrites avec détails; c'est une sorte de statistique locale.

Poursuivant l'œuvre commencée, nous avons publié, en 1876, la *Carte géologique agronomique de l'arrondissement de Rethel,* exécutée d'après les mêmes principes que celle de Vouziers.

Mais nous avons pensé qu'il n'était pas nécessaire de donner au texte, destiné à accompagner cette carte, tous les développements de celui que nous venons d'analyser rapidement. Rédiger un volume aussi étendu, c'eût été infailliblement faire des doubles emplois, car, outre les notions générales qui peuvent s'appliquer à toute région agricole de la France, il y a dans ce volume des parties communes aux deux arrondissements de Vouziers et de Rethel, qui présentent une très-grande analogie en ce qui concerne la constitution du sol, les productions végétales, le mode d'exploitation de la terre, les engrais, etc. D'un autre côté, une nouvelle *Géographie des Ardennes,* publiée récemment, nous dispense de reproduire des indications purement géographiques.

Pour ces motifs, nous avons supprimé complètement, dans le volume que nous publions aujourd'hui, les chapitres III, IV et V; nous avons enlevé aux chapitres I et II les notions générales et celles qui sont communes aux deux arrondissements, et nous n'y avons fait entrer que les faits particuliers à l'arrondissement de Rethel.

Quant au chapitre VI, nous lui avons donné autant de développements que dans la *Statistique agronomique de l'arrondissement de Vouziers*, car c'est réellement la partie pratique de notre travail. Nous l'avons considéré comme une sorte de procès-verbal de nos excursions, comme un recueil de faits, dans lequel nous avons inséré les observations que nous avons recueillies, les renseignements que nous avons pu nous procurer, les analyses ou essais que nous avons faits dans le laboratoire de Mézières. Sans doute ce travail est loin d'être complet ; il n'est guère possible de tout dire en pareille matière ; mais du moins nous nous sommes efforcés de ne fournir que des indications aussi exactes que possible.

A. Meugy.   E. Nivoit.

EXPLICATION

DE

LA CARTE

GÉOLOGIQUE AGRONOMIQUE

de l'arrondissement de Rethel

(ARDENNES)

CHAPITRE Ier

DESCRIPTION PHYSIQUE

---

§ 1er

SITUATION, ÉTENDUE

L'arrondissement de Rethel se trouve compris entre les 49° 45' 21" et 49° 18' 49" de latitude nord et les 1° 41' 14" et 2° 16' 7" de longitude à l'est du méridien de l'Observatoire de Paris.

Ses limites sont : au nord, les arrondissements de Rocroi et de Mézières ; à l'est, l'arrondissement de Vouziers ; au sud, le département de la Marne ; à l'ouest, le département de l'Aisne.

Il présente la forme grossière d'un carré dont le côté serait d'environ 35 kilomètres. Sa plus grande longueur est à peu près du nord au sud, du Signal de la Haute-Tuerie (Saint-Jean-aux-Bois) à la ferme de Merlan (Aussonce).

L'arrondissement de Rethel est, après celui de Vouziers, le plus étendu du département des Ardennes. Sa superficie est de 122,262 hectares, qui se répartissent ainsi entre les six cantons qui le composent :

Asfeld...................................	19,558 hectares.	—	19 communes.
Château-Porcien.....................	22,597 —	—	16 —
Chaumont-Porcien...................	17,407 —	—	20 —
Juniville.................................	21,077 —	—	13 —
Novion-Porcien.......................	23,394 —	—	25 —
Rethel	18,229 —	—	19 —
	122,262		112

La position géographique du chef-lieu, mesurée par le sommet de la flèche de l'église, est, d'après l'*Annuaire du Bureau des longitudes* :

Latitude................................	49° 30' 43" N.
Longitude..............................	2° 1' 48" E.

L'altitude du pavé de la rue devant l'église est de 90^{m}10 au-dessus du niveau de la mer.

§ 2

CONFIGURATION DU SOL

L'arrondissement de Rethel est, dans les Ardennes, celui dont le sol est le moins accidenté. Comme il repose en grande partie sur la craie, roche tendre, facile à désagréger, on conçoit qu'il ne présente en général que de légères ondulations.

On ne trouve d'accidents notables de terrain qu'au nord de la vallée de l'Aisne, vallée spacieuse qui traverse à peu près l'arrondissement en son milieu, dans la région qui avoisine l'arrondissement de Mézières, et qui s'étend sur le versant méridional de la *Chaîne des Crêtes*. L'altitude la plus élevée est celle de 249 mètres, près de la ferme de la Crête, commune de Neuvizy ; l'altitude la plus basse est de 57 mètres, au point où l'Aisne quitte l'arrondissement, au-dessous de Brienne.

§ 3

COURS D'EAU

L'arrondissement de Rethel appartient presque exclusivement au bassin de l'Oise. Une très-faible partie des eaux qui tombent sur son sol se rendent à la Meuse par la Vence. C'est la Chaîne des Crêtes, dont la ligne de faîte ne fait qu'effleurer sa pointe nord-est, qui sépare les deux bassins.

Bassin de l'Oise. — *L'Oise* n'a que deux affluents, l'*Aisne* et la *Serre*; et encore cette dernière rivière ne traverse pas l'arrondissement ; elle le longe seulement sur une petite longueur, en passant au bas de Mainbresson, et reçoit comme unique affluent la *Malacquise*.

L'*Aisne* pénètre dans l'arrondissement de Rethel entre Givry et Amagne, et le quitte au-dessous de Brienne.

La *Malacquise* prend sa source sur le territoire de Maranwez (arrondissement de Mézières), passe à la Cour-Honorée, Rocquigny, la Hardoye, Wadimont, Rubigny, Fraillicourt et Renneville, et se jette dans la Serre à Montcornet (Aisne).

Affluents de l'Aisne. — Les affluents principaux de l'Aisne sont :

1° *La Retourne*, qui prend sa source au sud de Dricourt (arrondissement de Vouziers), à l'altitude de 111 mètres, entre dans l'arrondissement de Rethel à Ville-sur-Retourne, passe à Bignicourt, Juniville, Alincourt, Neuflize, Le Châtelet, Bergnicourt, St-Remy-le-Petit, l'Ecaille, Roisy, Sault-St-Remy, Houdilcourt, Poilcourt et Brienne, et se jette dans l'Aisne, rive gauche, à Neufchatel (Aisne), après un parcours de 34,200 mètres. Cette rivière, qui coule constamment sur la craie, ne reçoit que trois petits affluents, sur sa rive droite : le *ruisseau du Bois des Paons*, à Juniville ; le *ruisseau Pilot*, au Châtelet ; le *ruisseau de St-Loup*, à Roizy.

2° Le *ruisseau des Barres*, qui prend sa source à la partie supérieure de la craie marneuse, près de Waleppe, passe à Sévigny, St-Quentin, Le Thour, St-Germainmont, et se jette dans l'Aisne, rive droite, entre Balham et Asfeld, après un parcours de 17,600 mètres. Affluent : *ruisseau de Nizy*, qui prend sa source à Nizy-le-Comte (Aisne).

3° Le *ruisseau de St-Fergeux*, dont les sources se trouvent sur le territoire de Chaumont-Porcien, passe à Logny-lez-Chaumont, Seraincourt, Chaudion, St-Fergeux et se jette dans l'Aisne, rive droite, à Condé-lez-Herpy.

4° *La Vaux*. Cette rivière, qui est l'affluent le plus considérable de l'Aisne dans l'arrondissement de Rethel, prend sa source à la Sabotterie, au nord de Signy-l'Abbaye (arrondissement de Mézières), passe à Lalobbe, le Laid-Trou, Neuville-les-Wasigny, Wasigny, Justine, Hauteville, Ecly, et se jette dans l'Aisne, rive droite, entre Nanteuil et Taizy. Sa longueur développée est de 44,400 mètres. Elle a quatre affluents principaux, dont on trouvera plus loin l'énumération.

5° Le *ruisseau de Bourgeron* ; prend sa source au sud de Bertoncourt, passe près de Sorbon et se jette dans l'Aisne, rive droite, à Barby, après un parcours de 8,900 mètres.

6° Le *ruisseau de Saulces* ; prend sa source à Saulces-aux-Tournelles, passe à Saulces-aux-Bois, Auboncourt, Sausseuil, Amagne, Coucy, Doux, Resson, Pargny, et se jette dans l'Aisne, rive droite, en face de Biermes, après un parcours de 30 kilomètres. Trois affluents : le *ruisseau de Vienne*, à Coucy ; les *ruisseaux de Cheresse* et *de Parfondeval*, à Saulces.

7° Le *ruisseau de Biermes* ; source et confluent dans cette commune, rive gauche ; 1,300 mètres.

8° Le *ruisseau de Seuil ;* source et confluent dans cette commune, rive gauche ; 3,400 mètres.

9° Le *ruisseau de Saulces-Champenoises* ; prend sa source sur le territoire de cette commune, dans les *monts de craie*, et se jette dans l'Aisne à Ambly, rive gauche, après un parcours de 7,400 mètres.

10° Le *ruisseau de Migny* ; prend sa source sur le territoire d'Alland'huy (arrondissement de Vouziers), et se jette dans l'Aisne, rive droite, en face de Givry, après un parcours de 1,800 mètres.

11° Le *ruisseau de Foivre* ; prend sa source à Hagnicourt, passe à Wignicourt, Auboncourt, Chesnois, Senicourt, Ecordal, et se jette dans l'Aisne, rive droite, près de la limite de l'arrondissement, en amont de Givry, après un parcours de 20 kilomètres. Il reçoit comme affluents : *la Châtelaine*, qui prend sa source à Puiseux, et passe à Vaux-Montreuil et Auboncourt ; et les *ruisseaux de Wignicourt*, *de Neuvizy* et *de Villers-le-Tourneur*.

Affluents de la Vaux. — Voici quels sont les principaux affluents de la Vaux :

1° *Le Plumion*, qui prend sa source sur le territoire de Vieil-St-Remy, passe aux Forges, à Wagnon, Novion-Porcien, Provizy, Dyonne, Arnicourt, et rejoint la Vaux, rive gauche, entre Inaumont et Ecly, après un parcours de 23,800 mètres. Il reçoit comme affluents : le *ruisseau du Fond-du-Gouffre*, qui vient de Sery ; le *ruisseau de Mesmont*, qui prend sa source dans la forêt de Signy-l'Abbaye, passe à Grandchamp et Mesmont, et dont le parcours est de 12,200 mètres ; la *Dyonne*, qui prend naissance au nord de Sorbon ; le *ruisseau du Puits*, dont la source est à l'est de Novion-Porcien ; le *ruisseau de la Bourinerie*, qui vient de Faissault, et passe au hameau de la Bourinerie, où il reçoit deux autres petits ruisseaux ; le *ruisseau de Mahéru*, qui prend sa source près du hameau de ce nom ; le *ruisseau de la Rosière*, qui prend sa source dans la forêt de Signy et se jette à Wagnon dans le Plumion ; enfin le *ruisseau de Lanzy*, qui vient de Viel-St-Remy et passe à Lanzy-Haut et les Forges.

2° Le *ruisseau des Neuf-Fontaines* ; prend sa source près de Son et se jette à Hauteville dans la Vaux, rive droite, après un parcours de 3 kilomètres.

3° Le *ruïsseau de Givron* ; prend sa source sur le territoire de Rocquigny, passe à Mauroy, les Fleurys, Givron, Doumely et se jette dans la Vaux, rive droite, près de Justine, après un parcours de 11,700 mètres. Deux affluents principaux : le *ruisseau de Chappes* et le *ruisseau de la Planchette*.

4° La *Draize* ; prend sa source près de la Cour-d'Avril, passe près de la Romagne, à Draize, à Herbigny, et se réunit à la Vaux, rive droite, en face de Justine, après un parcours de 11 kilomètres. Elle n'a qu'un affluent notable, *le Mainby*, qui prend naissance dans la forêt de Signy et reçoit lui-même le *ruisseau de la Fontaine-aux-Poux* et le *ruisseau des Fonds*.

Affluents de la Malacquise. — Les principaux affluents de la Malacquise sont :

1° Le *ruisseau de Vaux*; source près de Vaux-les-Rubigny; confluent entre Rubigny et Fraillicourt, rive droite; 2 kilomètres.

2° Le *ruisseau de Wadimont*; source sur le territoire de cette commune, près de la Vaugérard; confluent entre Rubigny et Fraillicourt, rive gauche; 2,100 mètres.

3° Le *ruisseau de Morny*; prend sa source à l'extrémité nord du territoire de Rubigny, passe à la Cense-Boudsocq et se jette dans la Malacquise, rive droite, en face de La Hardoye, après un parcours de 2,500 mètres.

4° Le *ruisseau du Radeau*; prend sa source à Mainbressy et se jette dans la Malacquise, rive droite, entre Rocquigny et La Hardoye, après un parcours de 2,800 mètres.

5° Le *ruisseau de Chantraine*; prend sa source à l'est de Mainbressy et se jette dans la Malacquise à Rocquigny, rive droite, après un parcours de 2,700 mètres.

6° Le *ruisseau des Hauts-Prés*; prend sa source entre St-Jean-aux-Bois et le Sous-Berteaux, et se jette dans la Malacquise, rive droite, à la Cour-Honorée, après un parcours de 2,100 mètres.

7° Le *ruisseau de St-Jean-aux-Bois*; prend sa source au nord de ce village et se réunit à la Malacquise, rive droite, au Moulin du Merbion, après un parcours de 3,100 mètres.

8° *Le Hurtaut*, appelé aussi *Malacquise*; prend sa source aux Heneaux (arrondissement de Rocroi), longe la limite est de la commune de St-Jean-aux-Bois, et se jette dans la Malacquise, rive droite, à l'angle est de cette commune, après un parcours de 4,400 mètres.

Bassin de la Meuse. — La Vence a comme affluents :

1° Le *ruisseau de Villers*; source à Villers-le-Tourneur; confluent à Raillicourt; 2,700 mètres.

2° Le *ruisseau de la Crête*; source dans le fond de la Crête (Viel-St-Remy); confluent à Launois; 2,500 mètres. Ce ruisseau a lui-même comme affluent le *ruisseau de la Basse-Naugérin*.

Composition chimique. — L'Aisne coulant entièrement sur des formations calcaires, telles que la craie marneuse et la craie blanche, contient plus de matières en dissolution dans l'arrondissement de Rethel que dans l'arrondissement de Vouziers. Nous donnons ci-dessous son titre hydrotimétrique, ainsi que ceux des autres principaux cours d'eau de l'arrondissement, en rappelant qu'un degré hydrotimétrique correspond à peu près à une teneur d'un centigramme de sels terreux (calcaires ou magnésiens) par litre.

Aisne à Rethel	18°
Id. à Château-Porcien	19°
La Retourne à Neuflize	16° 1/2
Ruisseau des Barres	17°
Ruisseau de St-Fergeux	21° 1/2
La Vaux	22°
Ruisseau de Saulces-Monclin	24° 1/4
Ruisseau de Saulces-Champenoises	32°
Le Foivre	24°
Le Plumion	21° 1/2
La Serre	13° 1/2
Le Hurtaut	21°

Voici, en outre, d'après l'*Hydrologie du département des Ardennes*, par M. Cailletet, quelle est la composition chimique de l'eau de l'Aisne (*a*), de la Retourne (*b*) et de la Vaux (*c*) :

	a	*b*	*c*
Titre hydrométrique............	18°	16° 1/2	22°
Acide carbonique libre......	0¹ 015	0¹ 0025	0¹ 005
Carbonate de magnésie......	0ᵍʳ 00880	0 00880	0 01320
— de fer................	traces	traces	»
Chlorure de calcium	0 03990	0 05130	0 01710
Sulfate de chaux................	0 04200	0 00700	0 05600
Azotate de chaux..............	0 02940	0 00840	0 06300
Carbonate de chaux...........	0 05922	0 09785	0 10557
Substances fixes pour 1 lit.	0ᵍʳ 17932	0 17335	0 25487

CHAPITRE II

DESCRIPTION MINÉRALOGIQUE
ET AGRONOMIQUE

———

L'arrondissement de Rethel présente, comme nous l'avons déjà dit, une grande analogie avec celui de Vouziers, au point de vue de la constitution du sol. On y retrouve, à peu de chose près, les mêmes formations ; ce qui nous dispensera d'entrer dans beaucoup de détails.

Voici quelle est la série des groupes géologiques, avec la superficie qu'occupent leurs affleurements :

1. Groupe oxfordien	6,283	hectares
2. Calcaires coralliens	1,792	—
3. Calcaire à astartes	174	—
4. Sables verts inférieurs	3,866	—
5. Gaize	2,075	—
6. Sables verts supérieurs	15	—
7. Marne crayeuse	22,015	—
8. Craie	34,859	—
9. Terrains tertiaires	»	
10. Alluvions anciennes	39,720	—
11. Alluvions modernes	11,463	—
Total	122,262	hectares

Nous n'indiquons ici les terrains tertiaires que pour ordre ; car en réalité ils n'affleurent pas ; ils se manifestent seulement en quelques points sous les alluvions anciennes qui les recouvrent.

Au point de vue agricole, il y a également la plus grande analogie entre les deux arrondissements. D'après un travail fait en 1851 par les contrôleurs des contributions directes, voici comment le territoire de l'arrondissement de Rethel se répartissait, à cette époque, entre les différents modes de culture :

Terres de qualité supérieure.................	2,467	hectares
Terres labourables et terres plantées...	96,513	—
Prés et herbages..............................	7,915	—
Vignes.............	549	—
Bois	11,138	—
Landes, pâtis, terres vagues................	640	—
Autres cultures diverses......................	49	—
Total..................	119,241	hectares

La valeur totale du sol était évaluée à une somme de 197,240,825 francs, soit une moyenne de 1,659 francs par hectare.

La différence entre ce chiffre de 119,241 hectares et celui de 122,262 hectares, superficie de l'arrondissement, représente le terrain occupé par les propriétés bâties, les routes, chemins, rivières, canaux, etc.

Aucun travail d'ensemble n'a été exécuté depuis 1851 sur la répartition des cultures; mais on peut admettre qu'elle est encore à peu près la même qu'à cette époque, sauf en ce qui concerne la vigne, qui n'occupe plus maintenant qu'environ 330 hectares. Ainsi l'étendue totale des forêts a à peine varié, puisque, d'après les relevés de l'administration forestière, elle se trouve être en 1876 de 10,984 hectares; cela tient à ce que les défrichements effectués dans certaines communes ont été compensés par des plantations faites dans d'autres, notamment sur la craie.

Quant à la valeur du sol, il est certain qu'elle a généralement augmenté dans une proportion considérable depuis 1851, par suite du perfectionnement des procédés agricoles et du développement des voies de communication.

§ 1er

GROUPE OXFORDIEN

Le *groupe oxfordien* est essentiellement constitué par des marnes, des calcaires marneux ou siliceux plus ou moins durs et une roche siliceuse généralement assez tendre.

Dans l'arrondissement de Mézières, où ils ont une grande importance, les calcaires de la partie supérieure forment une série de hauteurs, connues sous le nom de *Crêtes*, qui séparent le bassin de la Meuse de celui de l'Aisne. Cette chaîne est dirigée à peu près du sud-est au nord-ouest, jusqu'à Neuvizy, où elle a une altitude de 249 mètres (près de la ferme de la Crête) ; au-delà de ce point, elle s'infléchit vers l'ouest, en même temps qu'elle s'abaisse.

Les roches oxfordiennes occupent le nord du canton de Novion-Porcien et l'est de celui de Chaumont-Porcien, dans les communes de Villers-le-Tourneur, Hagnicourt, Vaux-Montreuil, Wignicourt, Neuvizy, Viel-Saint-Remy, Grandchamp, Wagnon, Mesmont, Neuville-lez-Wasigny, Wasigny, Lalobbe, Draize, Doumely et Bégny, Givron, La Romagne, Montmeillan et St-Jean-aux-Bois.

L'étendue de leurs affleurements est :

Canton de Novion-Porcien......	5,250 hectares, soit	22 45 0/0
— Chaumont-Porcien	1,033 —	— 5 93
Total..................	6,283 hectares, soit	5 14 0/0

Le groupe oxfordien commence par une couche puissante de marne avec minerai de fer, très-développée dans l'arrondissement de Mézières. On peut voir la partie supérieure de cette marne sur le territoire de Neuvizy, en face de la gare de Launois.

Au-dessus vient une succession de bancs de marne, de calcaire marneux et de roche siliceuse, caractérisée par une forte proportion de silice soluble dans les alcalis. Les calcaires les plus durs donnent des moellons d'assez bonne qualité; on les emploie aussi pour l'empierrement des chemins.

A ce sous-groupe sont superposés des calcaires et argiles avec oolithes ferrugineuses, dont l'épaisseur est d'environ 10 mètres. Les calcaires sont plus ou moins marneux, plus ou moins friables; ceux qui se délitent le mieux sont exploités, sous le nom de *castine*, pour l'amendement des terres limoneuses et argileuses, si abondantes sur le gault et sur le groupe oxfordien lui-même; ils se divisent souvent en lits minces et prennent même l'apparence schisteuse. Le calcaire à oolithes ferrugineuses est fréquemment recouvert par une argile rouge avec grains jaune-brun d'oxyde de fer, qui remplit des poches sinueuses creusées dans cette roche; on peut observer cette argile dans les communes de Neuvizy (où elle est exploitée comme minerai pour le haut-fourneau de Signy-le-Petit), Villers-le-Tourneur, Viel-St-Remy, Wagnon, etc.

L'argile ferrugineuse contient de nombreux fossiles silicifiés. Les gisements de Neuvizy et de Viel-St-Remy sont surtout célèbres par leur richesse. En quelques points (Villers-le-Tourneur, Viel-St-Remy), on trouve au milieu de l'argile des blocs de grès quartzeux ou des rognons de quartz compacte, analogues à ceux de Stonne.

Le groupe oxfordien se termine, à sa partie supérieure, par une marne calcaire, grisâtre ou blanchâtre, dont l'épaisseur est assez faible, et dont l'affleurement disparaît presque toujours sous des éboulis des roches supérieures. On peut l'observer en plusieurs points, notamment à Viel-St-Remy et Neuvizy.

Les terres végétales qui recouvrent les roches oxfordiennes sont, on le conçoit, de nature variée. Suivant la constitution du sous-sol, elles sont marneuses, marno-siliceuses, marno-ferrugineuses ou argilo-ferrugineuses; les premières dominent. Elles sont toujours plus ou moins chargées de carbonate de chaux, excepté celles qui reposent sur l'argile ferrugineuse, que l'on peut d'ailleurs amender facilement à l'aide de la castine.

Ces terres sont généralement d'humidité moyenne. Cependant sur les marnes qui contiennent une forte proportion d'argile, elles sont assez humides.

Les roches perméables de la partie supérieure de l'étage oxfordien donnent naissance à un assez grand nombre de sources, dont l'eau est généralement de bonne qualité.

§ 2

GROUPE CORALLIEN

L'*étage corallien* est peu développé dans l'arrondissement de Rethel. Il s'amincit tellement à mesure que l'on s'avance vers l'ouest, que c'est à peine s'il franchit la limite du canton de Novion pour pénétrer dans celui de Chaumont. Il n'apparaît guère que sur les flancs ou dans le fond de quelques vallées encaissées; sur les plateaux, il est recouvert par les sables verts.

Voici les communes sur le territoire desquelles affleure cet étage : Chesnois et Auboncourt, Vaux-Montreuil, Wignicourt, Hagnicourt, Puiseux, Villers-le-Tourneur, Neuvizy, Saulces-Monclin, Faissault, Viel-St-Remy, Novion-Porcien, Wagnon, Mesmont, Grandchamp, Wasigny, Neuville-les-Wasigny, Doumely et Bégny, Draize et Givron.

La superficie occupée par les affleurements est de :

Canton de Novion-Porcien	1,627 hectares, soit 6 96 0/0
— Chaumont-Porcien...	165 — — 0 95
Total....................	1,792 hectares, soit 1 47 0/0

Les calcaires coralliens sont de nature variée, le plus souvent compactes, blancs ou blanc-grisâtre, quelquefois oolithiques, crayeux, terreux ou un peu marneux. On y trouve de nombreux fossiles, principalement des coraux, quelquefois silicifiés. Nous citerons parmi les gisements les plus remarquables ceux de Puiseux.

Cet étage ne fournit que des moellons de qualité médiocre. Les calcaires blancs, composés de carbonate de chaux à peu près pur, sont propres à donner de la chaux grasse de bonne qualité. Les bancs tendres, friables, qui se trouvent parfois au milieu des calcaires durs (Draize), pourraient servir de marne.

Les terres végétales formées par la désagrégation des roches coralliennes sont blanches, séches, pierreuses; quelquefois elles sont naturellement amendées par des éboulis des roches supérieures, sables verts ou argile du gault.

En plusieurs points s'étend une argile sableuse, brune ou rougeâtre, qui pénètre dans les anfractuosités du sous-sol et suit généralement les ondulations de sa surface. Elle manque de carbonate de chaux, et la faible proportion de cette substance qu'y dévoile quelquefois l'analyse chimique provient de particules ténues du calcaire sous-jacent. Elle donne des terres assez fortes; parfois même humides, quand elle est épaisse, malgré la perméabilité du sous-sol.

A Vaux-Montreuil, on observe dans cettte argile rouge des polypiers et autres fossiles silicifiés.

La marne qui sépare le groupe oxfordien du groupe corallien, formation essentiellement perméable, donne un niveau d'eau assez abondant, mais peu régulier. L'eau est de bonne qualité.

§ 3

CALCAIRE A ASTARTES

Le *calcaire à astartes* a moins d'importance encore que les calcaires coralliens dans l'arrondissement de Rethel et il ne s'y montre plus guère qu'à l'état d'indices. On peut en observer quelques lambeaux sur les flancs et dans le fond des vallées, dans les communes de Sorcy-Bauthémont, Chesnois et Auboncourt, Vaux-Montreuil et Saulces-Monclin, du canton de Novion-Porcien, où il occupe une superficie de 174 hectares, soit seulement 0,75 0/0 du canton, ou 0,14 0/0 de l'arrondissement.

Cet étage est représenté par des couches minces de calcaire marbré compacte, de calcaire oolithique avec grains ferrugineux, de calcaire marneux et de marne. Il est parfois très-fossilifère. Les marnes sont exploitées, notamment à Saulces-Monclin, pour l'amendement des terres fortes.

Le calcaire à astartes donne lieu à des terres généralement marneuses ou argilo-calcaires, qui sont assez souvent modifiées par les éboulis des roches situées à un niveau supérieur. Ce sont de bonnes terres à blé, auxquelles on peut fréquemment appliquer le drainage avec succès.

§ 4

GROUPE DES SABLES VERTS INFÉRIEURS

Les *sables verts inférieurs* occupent de vastes étendues sur les plateaux du canton de Novion; à mesure qu'on s'avance vers l'ouest, on les voit affleurer plus bas, sur les flancs des vallées, à raison de leur plongement. Ils reposent successivement sur le calcaire à astartes, les calcaires coralliens et le groupe oxfordien.

Toutes les communes du canton de Novion, à l'exception de Hagnicourt, Herbigny et Justine, présentent les sables verts. On n'en voit plus que des lambeaux dans le canton de Chaumont, à Draize, où ils s'enfoncent sous la gaize. L'étendue de leurs affleurements est :

Canton de Novion-Porcien......	3,856 hectares, soit	16 49 0/0
— Chaumont-Porcien	10 —	— 0 06
Total..................	3,866 hectares, soit	3 16 0/0

Cet étage a tout au plus 5 à 6 mètres d'épaisseur maximum. Il se compose d'une couche de sables quartzeux et glauconieux et d'une couche d'argile verdâtre, plus ou moins sableuse, qui représente le gault. Il y a quelques lits noirâtres, pyriteux, que l'on a exploités comme cendres pour l'agriculture (Grandchamp).

Les nodules de chaux phosphatée qui, dans l'arrondissement de Vouziers, sont au milieu des sables verts, se trouvent ici à la séparation des sables et du gault. Ils sont mêlés d'une grande variété de fossiles, à l'état de chaux phosphatée; nous citerons, parmi les gisements les plus remarquables, ceux de Machéroménil, Saulces-Monclin, Novion-Porcien.

On exploite les nodules dans presque toutes les communes où se trouvent les sables verts, presque toujours à ciel ouvert. Il n'y a encore de travaux souterrains qu'à Auboncourt.

Le minerai de fer des sables verts, qui est exploité dans l'arrondissement de Vouziers, n'existe pas dans l'arrondissement de Rethel.

Sur les plateaux, les sables verts sont souvent recouverts par une argile sableuse jaunâtre, bigarrée de gris, à pâte fine, qui provient du remaniement du sous-sol.

Les terres qui reposent sur le groupe des sables verts se divisent en deux catégories, les terres argileuses et les terres sableuses, et sont presque toujours privées de carbonate de chaux. Les premières sont les plus fréquentes, parce que la glaise se trouve très-souvent à la surface; elles sont fortes, humides, et gagnent beaucoup à être drainées et chaulées. L'exploitation des nodules a eu pour heureuse conséquence d'améliorer le sol en l'ameublissant.

Ces terres sont très-propres à la culture des prairies. On y cultive aussi beaucoup d'arbres fruitiers.

§ 5

GAIZE

La *gaize*, roche essentiellement siliceuse, caractérisée par une forte proportion de silice gélatineuse soluble dans les alcalis, n'a pas assez d'importance pour donner lieu à une région naturelle, comme dans l'arrondissement de Vouziers. A l'exception du nord du canton de Novion-Porcien, où elle affleure sur une surface assez étendue, elle ne se rencontre qu'à l'état de lambeaux sur les roches oxfordiennes.

Le groupe oxfordien comprenant lui-même une roche siliceuse, tout à fait semblable à la gaize, il n'est pas toujours facile de distinguer ces deux roches l'une de l'autre. Le seul caractère certain est celui de la superposition.

Voici quelle est l'étendue occupée par les affleurements de la gaize :

Canton de Chaumont-Porcien...	1,651 hectares, soit 9	48 0/0
— Novion-Porcien.........	424 —	— 1 81
Total..................	2,057 hectares, soit 1	68 0/0

On l'observe dans les communes de Saint-Jean-aux-Bois, Rocquigny, Montmeillan, La Romagne, Chaumont-Porcien, Givron, Draize, Wasigny, Neuville-les-Wasigny, Lalobbe, Grandchamp et Wagnon.

Les paysans l'appellent souvent *croyette* ou *pierre sotte*, et réservent le nom de *gaize* pour la roche siliceuse oxfordienne.

La gaize crétacée ne diffère guère, par ses caractères minéralogiques, de celle de Vouziers, si ce n'est que les parties dures, bleuâtres, y sont un peu plus développées. On y voit aussi quelques bancs argileux, glauconieux, noirs ou verdâtres, se délitant assez facilement (Rocquigny). On n'y a pas rencontré, jusqu'à présent, de nodules phosphatés.

Les terrains gaizeux sont le plus souvent sableux et secs. Partout où la roche est riche en argile, comme sur le plateau qui s'étend entre Wagnon et La Folie-Durand, elle donne des terres assez compactes, peu perméables.

Ces terrains manquent de carbonate de chaux. Mais comme ils sont entourés de roches calcaires ou marneuses, il est facile de les améliorer sans de grands frais.

§ 7

GROUPE DES SABLES VERTS SUPÉRIEURS

Ces *sables verts*, placés sur le même horizon géologique que ceux de Monthois dans l'arrondissement de Vouziers, n'existent qu'à l'état de lambeaux sur la gaize dans le village de la Romagne, au hameau de la Cense-Brûlée (commune de Rocquigny), et à Memphis, au nord de Montmeillan. Ce sont des sables argileux verdâtres, privés de calcaire, avec quelques nodules phosphatés. La superficie qu'occupent leurs affleurements n'est que de 15 hectares.

Les terres qui reposent sur ces sables peuvent être amendées facilement avec les marnes qui existent dans le voisinage.

§ 7

MARNE CRAYEUSE

La *marne crayeuse* est une des formations les plus importantes de l'arrondissement de Rethel. Elle le traverse

en large bande orientée du sud-est au nord-ouest, qui passe
sur le territoire de toutes les communes des cantons de
Rethel et de Chaumont-Porcien; dans les communes de
Sorcy-Bauthémont, Faux, Lucquy, Auboncourt-Vauzelles,
Saulces-Monclin, Corny-Machéroménil, Novion-Porcien,
Mesmont, Wasigny, Sery, Justine et Herbigny, du canton
de Novion-Porcien; Condé, Herpy, Ecly, Inaumont, Hau-
teville, Son, Saint-Fergeux, Seraincourt, Hannogne et
Sévigny, du canton de Château-Porcien.

L'étendue des affleurements est de :

Canton de Rethel............	8,610 hectares,	soit	47	23 0/0
— Chaumont......	6,976 —	—	40	07
— Novion..	3,688 —	—	15	77
— Château..........	2,740 —	—	12	12
Total.........	22,015 hectares,	soit	18	01 0/0

Cette formation ne présente pas ici une constitution
aussi simple que dans l'arrondissement de Vouziers; dans
la région occidentale, c'est-à-dire surtout dans le canton
de Chaumont-Porcien, de nouveaux termes viennent
s'intercaler au milieu des couches observées dans la partie
sud-est du département.

Nous rappellerons qu'une coupe transversale faite à
Monthois, à 8 kilomètres sud de Vouziers, donne la série
suivante de bas en haut :

a. Gaize.

b. Sables argileux, verdâtres, avec nodules phosphatés.

c. Marne crayeuse, glauconifère, avec nodules semblables.

d. Marnes argileuses, compactes, d'un gris foncé; puis
alternances de marnes grises ou blanchâtres, plus ou
moins argileuses ou crayeuses, avec quelques silex.

e. Craie blanche.

Cette coupe se modifie de la manière suivante dans le canton de Chaumont-Porcien :

a. Gaize.

b. Sables argileux, verdâtres, avec quelques nodules.

c. Marne glauconieuse, avec quelques nodules.

c'. Marnes compactes, grises, dans lesquelles on remarque parfois des grains de glauconie (entre Draize et Chaumont).

c''. Sable glauconieux, vert foncé, mais sans nodules.

d. Marnes argileuses, compactes; puis alternances de craies grises ou blanchâtres, plus ou moins marneuses, avec des silex qui sont souvent de couleur grise.

d'. Craie marneuse, avec nombreux silex noirs (environs de Fraillicourt).

e. Craie blanche.

Nous avons pris avec intention les mêmes lettres pour désigner les couches qui se correspondent dans les deux coupes précédentes.

Le sable *b* représente l'étage décrit précédemment, et c'est en *c* que nous faisons commencer le groupe des marnes crayeuses.

On voit qu'entre la marne glauconieuse à nodules *c* et la marne argileuse compacte *d*, communes aux deux arrondissements de Vouziers et de Rethel, se placent, dans ce dernier arrondissement, des marnes grises compactes *c'* et une couche de sable glauconieux *c''*.

Les marnes glauconieuses compactes *c'*, qui sont analogues aux *dièves* du département du Nord, acquièrent jusqu'à 45 mètres de puissance entre Draize et Chaumont-Porcien; mais elles ne forment là qu'une grande lentille s'amincissant rapidement au nord-ouest comme au sud-est.

En effet, au-delà de Rocquigny, la gaize est directement

recouverte par les sables glauconieux c'', sur lesquels reposent les marnes crayeuses de Mainbressy. Du côté opposé, au sud-est, ces sables, qu'on observe encore sur les dièves à 1 kilomètre au nord d'Herbigny, se perdent à la traversée des marais de la Vaux; de sorte qu'à Mesmont les marnes d succèdent immédiatement à la marne glauconieuse c, qui repose sur le gault sans interposition de gaize.

L'ensemble des couches c, c' et c'' existe encore plus à l'est, entre le village de Vauzelles et le hameau des Tuileries, près de Saulces; mais ce n'est là qu'un point isolé, car, en suivant les bords du bassin crayeux par Auboncourt, Monclin et Bauthémont, dans l'arrondissement de Rethel, on ne rencontre plus que la succession des couches c, d, e, comme dans l'arrondissement de Vouziers.

Les sables glauconieux c'' n'ont pas plus de 3 à 4 m. d'épaisseur maximum; on y trouve quelquefois intercalé une sorte de grès calcaire avec grains de glauconie (La Hardoye). C'est entre Wasigny et Justine qu'ils commencent à se manifester; ils se prolongent au nord-ouest par Doumely, la ferme du Bois-Livoir, Adon, Chaumont-Porcien, La Hardoye, Rocquigny, St-Jean-aux-Bois, Mainbressy et Mainbresson. L'étendue totale de leurs affleurements est de 1,460 hectares.

Comme ces sables séparent en deux parties bien distinctes l'ensemble marneux de l'arrondissement de Rethel, nous les avons indiqués sur la carte par une teinte spéciale. Nous avons également colorié d'une teinte différente chacune de ces deux portions marneuses.

MM. Sauvage et Buvignier, dans leur *Statistique géologique du département des Ardennes*, identifient les sables glauconieux c'' avec les sables de Monthois, et, comme conséquence, rattachent à la gaize les marnes glauconieuses *e* et les marnes compactes *e'* auxquelles ils sont superposés. Au point de vue purement paléontologique, cette manière de voir peut être soutenue ; c'est ce qu'a fait M. Barrois dans un travail récent sur *le cénomanien et le turonien du bassin de Paris.*

Mais il n'en est pas de même dans une étude comme la nôtre, qui doit nécessairement donner la prédominance aux caractères minéralogiques. Or, il n'est pas douteux que les marnes *c* et *c'* ne constituent un dépôt tout-à-fait distinct de la gaize. Ce sont de véritables marnes, plus ou moins calcaires, quelquefois même des argiles, ne contenant pas plus de 3 0/0 de silice gélatineuse (proportion dépassée dans beaucoup d'autres roches), tandis que la gaize est une roche sableuse, renfermant plus de la moitié de son poids de silice gélatineuse. On y trouve de plus quelques intercalations de bancs minces de marne blanchâtre très-calcaire, tout-à-fait analogues à ceux qu'on rencontre à un niveau plus élevé.

D'un autre côté, les sables glauconieux *c''* ne nous ont pas montré de nodules phosphatés, et ils se trouvent à une hauteur plus élevée que les marnes glauconieuses à nodules ; tandis qu'à Monthois c'est le contraire qui se produit.

C'est uniquement la présence des nodules qui nous a fait séparer des sables *c''* les sables analogues de la Romagne, la Cense-Brûlée et Memphis, pour les assimiler aux sables de Monthois. Nous devons dire cependant que nous ne l'avons fait qu'avec hésitation, car nous n'avons vu ces sables qu'en des points isolés sur la gaize, et il se pourrait qu'en ces points les couches *c* et *c'* fissent défaut, comme au nord de Rocquigny.

Les nodules phosphatés de l'étage de la marne crayeuse

ne paraissent pas aussi développés dans l'arrondissement de Rethel que dans celui de Vouziers. Quelques travaux de recherches les ont mis à découvert, notamment sur les territoires de la Romagne et de Givron; mais ils n'y forment pas de couches bien régulières. Si on les compare aux nodules des sables verts inférieurs, on remarque qu'ils sont plus riches en acide phosphorique (20 à 26 0/0), qu'ils contiennent beaucoup plus de carbonate de chaux et moins d'argile et de sable (7 à 8 0/0), ce qui les rapproche des nodules de la craie.

La marne est employée pour le marnage des terres limoneuses; il faut choisir de préférence la marne glauconieuse, à cause de la présence de la potasse qui fait partie de la composition de la glauconie dans une proportion moyenne de 6 0/0.

La craie marneuse, quand elle est compacte, est exploitée pour l'encaissement des chemins; elle ne donne que d'assez mauvais matériaux. Les silex qu'elle contient servent à l'empierrement des chemins. La marne grasse est utilisée pour la fabrication des carreaux de terre.

Les marnes inférieures aux sables glauconieux, ainsi que celles qui leur sont immédiatement superposées, donnent des terres fortes, difficiles à cultiver, qui gagnent beaucoup à être drainées; elles conviennent à la culture du blé. Sur les sables glauconieux, terres médiocres, qu'il est avantageux de marner. Les terres qui reposent sur la partie supérieure de la formation sont d'une culture facile, plus calcaires et moins argileuses que les premières; mais elles sont moins productives.

C'est surtout à cette formation marneuse et aux alluvions anciennes qui la recouvrent que l'arrondissement de Rethel doit sa richesse agricole.

§ 8

CRAIE

La *craie blanche*, soit qu'elle affleure, soit qu'elle se cache sous des alluvions anciennes ou modernes, occupe plus de la moitié de l'arrondissement de Rethel. Elle est limitée à peu près par une ligne traversant diagonalement cet arrondissement, du sud-est au nord-ouest, de Saulces-Champenoises à Hannogne.

On la trouve dans toutes les communes des cantons de Juniville et Asfeld; dans toutes celles du canton de Château-Porcien, à l'exception de Seraincourt et Inaumont; dans les communes de Mont-Laurent, Seuil, Thugny, Biermes, Sault, Rethel, Acy-Romance, Nanteuil, Barby et Sorbon, du canton de Rethel; et dans celle de Remaucourt, du canton de Chaumont-Porcien.

Voici quelle est l'étendue des affleurements de la craie dans ces cinq cantons :

Canton de Juniville.........	16,445 hectares, soit 78,02 0/0		
— d'Asfeld...............	10,374 —	—	53,04
— de Château...........	6,306 —	—	27,91
— de Rethel.............	1,650 —	—	9,05
— de Chaumont.......	84 —	—	0,48
Total.............	34,859 hectares, soit 28,51 0/0		

La craie blanche forme un plateau faiblement ondulé, qui continue celui de l'arrondissement de Vouziers, mais en se tenant à une moins grande hauteur, car il ne présente pas d'altitude supérieure à 170 mètres (moulin de Remaucourt).

De même que dans cet arrondissement, la craie blanche a une composition chimique assez uniforme. C'est un calcaire à peu près pur, qui ne contient pas plus de 5 à 6 0/0 de matières étrangères (silice, alumine, oxyde de fer, carbonate de magnésie).

Ce caractère nous a guidés pour tracer la limite inférieure de la formation. Aussi nous avons classé dans la marne crayeuse, ou *système turonien* de d'Orbigny, les couches de craie marneuse à *Micraster breviporus* et à silex, que plusieurs géologues mettent à la base de l'étage de la craie blanche, ou *système sénonien*, uniquement parce que cette craie contient des proportions notables de matières étrangères.

A la base de la craie se trouve une couche de nodules de phosphate de chaux, signalée par l'un de nous dans le tunnel de Perthes, sur le chemin de fer de Reims à Charleville (voir la description de la commune de Perthes); on l'observe aussi sur le territoire d'Acy-Romance.

Dans les communes de Sévigny et St-Quentin, à la limite ouest du canton de Château-Porcien, on remarque, dans la partie inférieure de la craie, un banc de calcaire magnésien et ferrugineux, connu sous le nom de *buquands*, et qu'on exploite, à cause de sa dureté, pour l'empierrement des chemins.

En quelques points de la surface de la craie, on rencontre des boules arrondies, constituées par de la pyrite de fer et qui s'effleurissent facilement à l'air, en se transformant en sulfate.

La craie ne fournit que de mauvais matériaux de construction. Dans quelques communes cependant, au Thour notamment, se trouvent des bancs plus durs et de meilleure qualité.

Les terres crayeuses, constituées presque entièrement par la craie désagrégée et mêlée d'une faible proportion d'argile et de sable, n'ont pas une grande profondeur; elles manquent de ténacité, mais elles sont par cela même faciles à cultiver et, quand on leur donne de l'engrais, elles produisent de bonnes récoltes.

Sur une grande partie de son étendue, la craie est recouverte par des roches déposées à l'époque diluvienne, dont il sera question plus loin. Elles donnent lieu à des terres grises argilo-sableuses, à des terres sablo-argileuses et à des terres grèveuses.

Partout où la terre végétale n'a pas une épaisseur suffisante, la craie est laissée sans culture ou plantée en bois.

Les plantations d'arbres résineux et d'arbres feuillus se sont beaucoup développées, surtout dans le canton de Juniville; dans ces 25 dernières années elles se sont étendues à près de 2,000 hectares. La proportion la plus avantageuse est un quart de pins et sapins et trois quarts de bouleaux, aulnes et quelques marsaults. On plante en moyenne 3,000 plants par hectare.

Les deux premières années de la plantation, on est obligé de labourer et de herser pour enlever les herbes nuisibles. Au bout de 6 ou 8 ans, on coupe l'aulne et le bouleau; le pin et le sapin, après 20 ans. Après la première coupe, le quart environ de la plantation meurt généralement par suite du défaut de lumière résultant de l'ombrage des petites branches des sapins, qui ont déjà acquis 2 mètres de hauteur. On soigne les bouleaux et aulnes qui résistent, en élaguant les branches des sapins qui les entourent.

Les frais de plantation d'un hectare sont d'environ 80 fr. La valeur du sol est de 230 fr., tandis qu'elle était à peine de 120 fr. il y a quinze ans. Le capital immobilisé dans un hectare est ainsi de 310 fr.; au bout de 20 ans, il devient, en capitalisant les intérêts à 5 0/0, 820 fr. Or, dans le même espace de temps, la première coupe de bois rapporte 100 fr., la seconde 700 fr., soit en tout 800 fr., c'est-à-dire une somme à peu près égale.

C'est dans les terres rousses, composées de grève et de sable argileux en proportions variables, impropres à la culture des céréales, que les bois réussissent le mieux. Les renseignements que nous venons de donner se rapportent à ces terres.

La craie, roche très-perméable, laisse filtrer facilement les eaux pluviales, qui forment une nappe abondante reposant sur la marne crayeuse. Jusqu'à une certaine hauteur, variable avec les saisons, au-dessus de la couche imperméable, la craie est comme une éponge imprégnée d'eau ; aussi il n'est pas nécessaire de creuser jusqu'à cette couche pour trouver de l'eau.

Les sources ne sont pas nombreuses en pleine formation crayeuse. Par contre, elles sont généralement assez régulières et ne tarissent que dans les années de grande sécheresse.

C'est surtout à l'aide de citernes et de puits que les habitants des villages de la craie se procurent l'eau qui leur est nécessaire. Quant un puits vient d'être creusé, il a d'abord un faible débit ; ce n'est qu'au bout d'un certain temps qu'on voit l'eau arriver plus abondante, suée pour ainsi dire par les parois. Quant on tombe sur une fissure, on trouve naturellement plus d'eau.

Ces puits atteignent parfois une grande profondeur. Ainsi dans les villages élevés, comme Hannogne et Bannogne, ils ont 60 mètres et plus ; ils sont alors intarissables. Il est d'ailleurs facile de rendre leur débit plus considérable en les approfondissant ou, ce qui vaut mieux, en creusant des galeries horizontales, pour augmenter la surface de suintement.

L'eau fournie par un puits nouvellement creusé est presque toujours trouble et comme laiteuse. Mais c'est une circonstance dont il n'y a pas lieu de s'inquiéter; car les particules crayeuses en suspension se déposent lentement et l'eau devient limpide au bout de quelques mois.

Les niveaux auxquels se rencontre l'eau dans les différents puits d'une même contrée ne se trouvent pas sur un plan horizontal, mais bien sur un plan incliné vers les vallées. L'inclinaison de ce plan diminue dans les sécheresses et augmente dans les hautes eaux; en sorte que les puits les plus éloignés des vallées sont ceux où le débit commence à baisser. Il en est de même pour les sources; les plus élevées tarissent les premières.

La craie se colmate facilement. Ses pores sont bouchés par les petites particules crayeuses amenées par les eaux, et elle devient alors imperméable. C'est ce que prouve la présence des mares dans les villages champenois; il suffit de curer ces mares et d'enlever la boue crayeuse qui en tapisse le fond pour que l'eau disparaisse. Pour le même motif, il faut au contraire curer les puits de temps en temps pour rendre les suintements plus abondants.

L'eau de la craie, quand elle n'est pas salie par des infiltrations locales, comme cela arrive presque toujours dans les puits de village, est d'excellente qualité. Elle titre de 15 à 20° à l'hydrotimètre; elle contient surtout du carbonate de chaux; peu de sulfate, sauf quand il y a dans le voisinage un gisement de pyrites.

Il arrive quelquefois qu'en creusant des puits dans la craie, on donne naissance à un abondant dégagement d'hydrogène sulfuré, résultat de la décomposition des sulfates par les matières organiques; ce dégagement dure peu de temps.

§ 9

SABLES TERTIAIRES

Dans les communes de Fraillicourt, Vaux-les-Rubigny, Sévigny, St-Quentin, Logny-les-Chaumont, St-Fergeux et Hannogne, on observe, au-dessous du limon qui recouvre la craie ou la craie marneuse, des sables quartzeux à grains fins, blancs, grisâtres, jaunâtres ou rougeâtres, quelquefois un peu glauconieux, dont l'épaisseur peut être de 3 à 4 mètres. Ils apparaissent rarement à la surface du sol; aussi leur influence agronomique se fait à peine sentir.

Ces sables, qui ne se trouvent qu'à une altitude assez élevée, de 150 à 200 mètres, doivent être rapportés à *l'époque tertiaire,* partie inférieure du *système landenien supérieur.*

On peut aussi classer dans le même terrain la glaise gris-foncé, non calcaire, que l'on observe sur le territoire de Seraincourt, au-dessus des marnes crayeuses.

Les sables sont exploités en plusieurs points pour la construction.

§ 10

ALLUVIONS ANCIENNES

Les terrains formés à l'époque diluvienne et que l'on connaît sous les noms de *diluvium, terrains diluviens, terrains quaternaires* ou *alluvions anciennes*, ont un développement considérable dans l'arrondissement, car, en laissant de côté les petits dépôts discontinus, ils occupent près du tiers de sa superficie totale. Il n'y a pas une commune où on n'en trouve, au moins à l'état d'indices.

Voici comment ces terrains se répartissent entre les six cantons :

Canton de Château-Porcien....	11,805 hectares, soit	52,24 0/0
— Novion-Porcien.....	6,722	—	—	28,75
— Chaumont-Porcien	6,584	—	—	37,82
— Asfeld................	6.493	—	—	33,19
— Juniville.............	4,364	—	—	20,70
— Rethel..............	3,742	—	—	20,91
Total...............	39,710 hectares, soit	32,44 0/0

Les alluvions anciennes sont de nature extrêmement variée. Suivant l'époque à laquelle elles remontent et leur mode de formation, on peut les classer en cinq grandes catégories :

1° Terrains formés sur place aux dépens de la roche sous-jacente ;

2° Terrains de transport consistant en graviers, sables ou glaises (*diluvium gris*) ;

3° Argile sableuse rougeâtre avec fragments non roulés de la roche sous-jacente (*diluvium rouge*) ;

4° Sable argilo-calcaire (*loess* ou *limon inférieur*) ;

5° Argile sableuse rougeâtre (*limon proprement dit*).

Les dépôts de la première catégorie, qui sont généralement les plus anciens, peuvent être considérés comme le résultat d'une dégradation opérée par le balancement des eaux dans des espèces de bas-fonds ou de dépressions isolées, avant l'établissement des grands courants qui ont plus tard sillonné la surface du continent.

Les matériaux qui constituent ces dépôts sont ordinairement de même nature que les roches sur lesquelles ils reposent, et sont susceptibles de varier comme ces roches elles-mêmes. Quand l'action destructive des eaux s'est exercée au centre d'un plateau de composition uniforme, le produit de la désagrégation a dû être nécessairement homogène, tandis que si elle a eu lieu à la séparation de deux ou plusieurs terrains de nature différente, le dépôt qui en est résulté a dû, nécessairement aussi, renfermer les éléments de ces terrains mélangés entre eux ou séparés plus ou moins complètement par une sorte de lévigation.

On peut citer, comme appartenant à cette première période :

La *grève crayeuse* (*besron* dans l'arrondissement de Vouziers, *arzille* dans celui de Rethel), composée de fragments crayeux de la grosseur d'un petit pois, sans cohérence ou faiblement cimentés par une pâte crayeuse, qu'on rencontre sur toute la zône d'affleurements de la craie, en forme de nids ou de grandes poches, qui ont quelquefois jusqu'à dix mètres de profondeur, soit sur les plateaux, soit sur les flancs des vallées. Les terres gréveuses sont tout à fait impropres à la culture; les arbres eux-mêmes n'y poussent que très-difficilement.

Les *éboulis de craie*, formés de blocs de craie de toutes dimensions, noyés dans une pâte de même nature, recouverts souvent par le limon (Aire, Blanzy). Quelquefois les éléments de ces détritus sont soudés ensemble assez solidement pour donner lieu à une espèce de brèche crayeuse assez dure, qui est souvent associée aux premiers dépôts sableux, comme on l'observe près de Saint-Germainmont, Sévigny, Condé-lez-Herpy, etc., et qu'on connaît sous les noms de *burge* (Juniville) et de *chiens* (Château).

L'*argile crayeuse* blanc-grisâtre, qui recouvre les affleurements de la craie blanche et de la craie marneuse dans plusieurs communes voisines de Rethel, au sud de la rivière d'Aisne (Acy, Nanteuil, Biermes, Sault); terres de bonne qualité, faciles à cultiver.

L'*argile sableuse*, jaunâtre bigarrée de gris, provenant du remaniement du gault, qui s'étend sur les plateaux du canton de Novion-Porcien, et qui est quelquefois recouverte par le limon. Elle donne des terres privées de carbonate de chaux, qu'il est facile d'ailleurs d'amender avec des calcaires ou des marnes des formations voisines.

Quelques *éboulis de gaize*, dans le canton de Chaumont-Porcien.

Les terrains de transport de la 2ᵉ catégorie occupent le fond des vallées et ne s'élèvent généralement pas à une très-grande hauteur au-dessus des cours d'eau. Ils comprennent surtout des galets arrondis, et par conséquent roulés, associés à des sables de diverses grosseurs, ou se présentant quelquefois sous forme de poudingues à pâte calcaire; quelquefois des marnes et des glaises. Les galets sont formés par des roches de la contrée, dont les affleurements n'existent en place qu'à des distances souvent éloignées.

Près de Vieux-les-Asfeld, en pleine craie de Champagne, les alluvions anciennes de l'Aisne contiennent des galets de calcaire compacte jurassique et même des galets de quartzite, mêlés à des silex noirs, à des sables grossiers gris ou verdâtres, et des marnes blanches. Les assez nombreuses excavations pratiquées dans cette commune par le service de la voirie ont fait découvrir des ossements fossiles en assez grande abondance. On sait du reste que ce *diluvium* est le principal gisement des restes des grands animaux (éléphants, rhinocéros, etc.).

Il est rare que les alluvions anciennes des vallées apparaissent à la surface du sol; elles sont souvent recouvertes par des terrains de formation récente. A Provizy, l'alluvion caillouteuse est formée de galets de calcaire compacte et de gaize. A Rethel, ce sont surtout des galets calcaires semblables aux précédents, et qui ont été remaniés à la surface par les eaux d'inondation.

L'argile sableuse rougeâtre, ou *diluvium rouge*, ne se trouve que sur les calcaires. Sur les étages corallien et astartien, elle s'étend en nappes discontinues, pénétrant dans les anfractuosités du sol, et contient des fragments anguleux du calcaire sous-jacent; elle donne des terres assez fortes, difficiles à cultiver, assez humides même, malgré la perméabilité du sous-sol.

Dans les cantons de Chaumont et Château, les marnes crayeuses sont fréquemment recouvertes d'une argile rougeâtre avec débris de silex encore intacts ou à peine brisés, mais jamais roulés.

En plusieurs points (Draize, Doumely), le limon recouvre l'argile à silex, ce qui établit nettement les âges relatifs des deux formations.

Cette argile est caractérisée par l'absence complète de carbonate de chaux. La petite proportion de cette substance qu'y dévoile quelquefois l'analyse chimique provient de particules ténues de la roche sous-jacente.

Le *loess* est un dépôt de sable fin, argileux et calcaire, de couleur gris-jaunâtre, qui occupe de plus grandes surfaces que le diluvium rouge. On le trouve à toutes les hauteurs, sur les plateaux comme dans les dépressions, superposé aux roches anciennes ou à l'un des terrains précédents, roches remaniées, diluvium gris ou diluvium rouge.

Ce limon donne lieu à d'assez mauvaises terres, quand il affleure. Mais il est presque toujours recouvert par le limon argilo-sableux rougeâtre, dont l'épaisseur varie de 0m 80 à 1m 50, et qui, quoique ne contenant qu'une très-faible proportion de calcaire, donne de bonnes terres.

Le limon supérieur est nettement séparé du limon inférieur par une surface fréquemment ondulée, et s'étend plus haut et plus loin que lui; ce qui établit leur complète indépendance. On s'en sert pour la fabrication des briques; quand il est trop argileux, on le mêle avec 1/4 ou 1/5 de limon inférieur.

Quoiqu'il y ait des différences profondes entre la composition du limon et celle du terrain plus ancien auquel il est superposé, cette première formation dépend jusqu'à un certain point de la seconde. On peut même dire que chaque étage géologique a un limon spécial.

C'est sur la craie et la marne crayeuse que le limon est le plus développé; il masque une grande partie des affleurements de ces deux roches. Il ne forme que des îlots isolés et de faible étendue sur les autres groupes géologiques de l'arrondissement.

§ 11

ALLUVIONS MODERNES

Les *alluvions modernes*, qui n'occupent que le fond des vallées, dépendent de la nature des étages géologiques que traverse le cours d'eau; elles sont modifiées aussi par les éboulis des versants et par les détritus qu'amènent les affluents.

L'Aisne est le seul cours d'eau important de l'arrondissement ; la largeur de sa vallée varie de 600 mètres (Nanteuil) à 3,000 mètres (Coucy) ; elle est en moyenne de 1,200 mètres. Ses alluvions sont généralement argileuses ; en quelques points elles sont marneuses (Amagne, Coucy), glaiseuses (Pargny), sableuses (Nanteuil, Herpy) ; on trouve quelquefois du gravier à la surface (Rethel).

Sur quelques ruisseaux (la Retourne, la Dyonne), les alluvions sont tourbeuses, noirâtres, et donnent des terres médiocres. La tourbe a été exploitée dans la vallée de la Retourne.

Les alluvions de la plupart de ces ruisseaux sont argileuses ou marneuses.

La superficie occupée par les alluvions modernes est de

Canton de Rethel	4,227 hectares,	soit 23,49 0/0
—	Asfeld	2,691	—	— 13,76
—	Château	1,746	—	— 7,73
—	Novion	1,642	—	— 7,02
—	Chaumont	889	—	— 5,11
—	Juniville	268	—	— 1,27
	Total	11,463 hectares,	soit 9,38 0/0

CHAPITRE III

DESCRIPTION DES COMMUNES

EXPLICATIONS PRÉLIMINAIRES

Le nom qui se trouve entre parenthèses, à la suite du nom de chaque commune, est celui du canton auquel elle appartient.

Pop. — population, d'après le recensement général de 1876. Les chiffres représentent la population normale ou municipale, c'est-à-dire la population totale diminuée, lorsqu'il y a lieu, des diverses catégories d'individus recensés en bloc.

D.D., D.A., D.C., — distances légales en kilomètres de la commune au chef-lieu de département, au chef-lieu d'arrondissement, au chef-lieu de canton.

Sup. — superficie totale en hectares. Cette superficie est subdivisée, d'après le cadastre, en jardins et vergers, terres labourables et terres plantées, prés, vignes, bois, terres vagues et autres cultures diverses. La différence qui existe entre la superficie totale et celle sur laquelle s'étendent ces différentes cultures représente le terrain occupé par les propriétés bâties, les routes, chemins, rivières, canaux, etc.

Ces renseignements ont été puisés dans un travail d'ensemble fait en 1851 par les contrôleurs des contributions directes. Ils ne donnent donc pas l'état actuel des choses ; mais, comme il n'existe pas de travail plus récent, nous avons dû nous en contenter, nous bornant à rectifier les chiffres relatifs aux bois, à l'aide du relevé effectué en 1876 par l'administration forestière.

Les lettres suivies d'un indice sont la reproduction des initiales, portées sur la carte, qui indiquent la nature du sol arable, indépendamment du compartiment géologique où elles se trouvent. Elles sont au nombre de 18, savoir :

A.   Terrains argilo-sableux (alluvions modernes, limon).

AC.   Terrains d'argile crayeuse (terrains diluviens sur la craie blanche ou les marnes crayeuses).

AF.   —   argilo-ferrugineux (groupe oxfordien).

C.   —   calcaires (calcaire à astartes, calcaire corallien).

Cr.   —   crayeux (craie blanche).

gc.   —   de grève crayeuse (craie blanche).

Gl.   —   glaiseux (alluvions modernes, diluvium gris, terrains tertiaires, gault).

Gr.   —   graveleux (alluvions modernes, diluvium gris).

M.   —   marneux (alluvions modernes, marnes crayeuses, calcaire à astartes, groupe oxfordien).

MF.   —   marno-ferrugineux (groupe exfordien).

MS.   —   marno-siliceux (groupe oxfordien).

S.   —   gaizeux ou sableux (éboulis diluviens, terrains tertiaires, gaize).

Sa.   —   sableux ou sablo-argileux (alluvions modernes, limon).

SA.   —   sablo-argileux verdâtres (glauconie immédiatement supérieure à la gaize).

St.   —   sable quartzeux tertiaire.

T.   —   tourbeux ou marécageux (alluvions modernes)..

V.   —   argilo-sableux verdâtres (sables verts inférieurs à la gaize).

VM.   —   glauconifères, quelquefois marneux (marnes crayeuses).

L'indice dont ces lettres sont affectées fait connaître le degré d'humidité ou de sécheresse des terres :

1   se rapporte aux terres très-sèches;

2   —   aux terres simplement sèches;

3   —   aux terres d'humidité moyenne;

4   —   aux terres humides;

5   —   aux terres très-humides ou marécageuses.

Enfin, dans le cours de la description, l'étendue des terrains appartenant aux divers compartiments géologiques est indiquée entre parenthèses.

Acy-Romance. (Rethel). — Pop. 503. — DD. 43 kil. —
DA. 3 kil. — *Ecarts :* la Sucrerie, le Blanc-Mont, l'Ecluse.
— Sup. 1,124 hect. : jardins, vergers, 13 ; terres lab.
1,047 ; prés, 9 ; bois, 17 ; terres vagues, 5. — M3, Cr2, gc1,
AC3, A3, Gr3. — Le territoire s'étend sur la rive gauche
de l'Aisne ; l'altitude du sol, qui n'est que de 73 m. dans la
vallée, s'élève à 132 m. à 1 kil. 1/2 d'Acy, sur le chemin
d'Avançon, et à 152 m. près de la route nationale et de la
limite sud du territoire. — La craie marneuse (228 hect.),
la craie blanche (364 hect.), le limon (356 hect.) et les alluvions de l'Aisne (176 hect.) affleurent dans cette commune. — La craie marneuse est grisâtre ou blanchâtre,
tantôt assez dure, tantôt très-friable ; elle donne généralement lieu à des terres blanchâtres, de compacité moyenne,
propres à la culture du blé. Entre Acy et Nanteuil se trouvent des terres grises, argilo-calcaires, à fragments
crayeux, faciles à cultiver, qui masquent la séparation
entre la craie blanche et la marne crayeuse. — La craie
donne des terres trop sèches. A sa surface, quelques poches de grève. Dans une carrière près de la route nationale, on observe quelques nodules jaunâtres de phosphate
de chaux au milieu de la craie. — Le limon, qui se présente
principalement sur le plateau de la partie méridionale du territoire, est argilo-sableux. Les terres végétales qui le recouvrent manquent de calcaire ; le marnage les améliorerait.
— Grève dans la vallée. — Aucune source sur le territoire.
Le village ne peut se procurer l'eau qui lui est nécessaire
qu'à l'aide de puits ; il y en a une soixantaine, dont la profondeur varie entre 5 et 33 mètres ; quelques-uns tarissent dans les années sèches, au moment du curage du
canal des Ardennes. Au Blanc-Mont, deux citernes. —
Titre hydrotimétrique de l'eau d'un puits creusé dans la
craie marneuse à la Sucrerie : 32° 1/2. — Une sucrerie

activée par 5 machines à vapeur de la force totale de 58 chevaux.

Adon. (Chaumont-Porcien). — Pop. 179. — DD. 41 kil. DA. 19 kil. — DC. 2 kil. — *Ecart* : La Folie, ferme. — Sup. 201 hect. : jardins, vergers, 34 ; terres labourables, 137 ; prés, 25. — M3, VM3, A3. — Ce territoire, le plus petit de l'arrondissement de Rethel, est enclavé dans celui de Chaumont. Il est traversé par le petit ruisseau des Godaux, que borde une faible largeur d'alluvions marneuses, humides (7 hect.); on y trouve la marne crayeuse (96 hect.) et le limon (98 hect.). — La marne crayeuse est grisâtre ou blanchâtre, surtout dans la partie méridionale du territoire. Dans le village et sur le coteau auquel il est adossé, la marne est sableuse, friable ; très-glauconieuse, ce qui lui donne une teinte vert foncé ; on la voit sur une épaisseur de plus de 2 mètres. La marne grise et la marne glauconieuse sont exploitées pour le marnage des terres limoneuses ; c'est un usage auquel la seconde convient surtout parfaitement, parce que la glauconie qu'elle contient est assez riche en potasse (environ 6 0/0). Voici quelle est la composition chimique d'un échantillon de marne grise recueilli entre Adon et Givron, le long du ruisseau de la Planchette :

Eau	3 40
Sable et argile	38 80
Silice gélatineuse	2 70
Oxyde de fer	4 25
Carbonate de chaux	51 15
Acide phosphorique	traces
	100 »

Les terres marneuses ne sont pas aussi fortes dans cette commune que dans celle de Chaumont. On observe

çà et là des silex à leur surface. — Le limon s'étend surtout sur la rive droite du ruisseau. Il donne des terres
argilo-sableuses, généralement privées de carbonate de
chaux. — Dans le bas du village, fontaine publique; 25
puits, dont la profondeur moyenne est de 17 mètres et
qui ne tarissent pas. Sur le territoire, on cite six sources,
de faible débit, mais dont une seule tarit dans les sécheresses; on les utilise pour les irrigations.

Aire. (Asfeld). — Pop. 336. — DD. 59 kil. — DA. 18 kil. —
DC. 4 kil. — Sup. 669 hect. : jardins, vergers, 8; terres lab.
553; prés, 9; vignes, 47; bois, 33; autres cultures, 1. —
Cr1, Cr2, gc1, A3, Gr2. — Le territoire de cette commune
s'étend sur la rive gauche de l'Aisne, qui, près du village,
coule à l'altitude de 64 m.; la cote la plus élevée est celle
de 129 m., à l'extrémité du territoire, sur le chemin
d'Asfeld à St-Loup. — Les alluvions anciennes dominent
(345 hect.); viennent ensuite la craie, avec quelques poches de grève crayeuse (220 hect.), et les alluvions de
l'Aisne (104 hect.). — Dans le compartiment occupé par
les alluvions anciennes, c'est principalement l'argile
sableuse rougeâtre qui affleure; elle a parfois 1 m. et
1 m. 50 d'épaisseur, et elle est superposée au sable argileux calcaire gris-jaunâtre et à la grève crayeuse ou à la
craie. La craie constitue pour ce terrain le meilleur sous-
sol; cependant la grève n'est réellement nuisible que quand
elle est à une faible profondeur, car elle rend alors la terre
trop sèche. — A 500 mètres sud du village, tranchée re-
marquable de 8 à 10 m. de hauteur dans les alluvions
anciennes; on voit, sous une faible épaisseur d'argile rougeâtre (0ᵐ 50), un dépôt puissant de grève crayeuse mêlée
de silex noirs, anguleux, surtout à la partie inférieure,
d'assez gros fragments de craie, de pyrites, de silex gris

ou blonds et de grès ; ce dépôt repose sur la craie fortement ravinée. — Les terres de cette commune sont en général de bonne qualité. — Une centaine de puits, dont la
profondeur moyenne est de 8 m., ne tarissant pas. Etang
formé par un ancien lit de la rivière. — Une briqueterie,
située près du canal, emploie le limon comme matière
première. Une machine à vapeur de 2 chevaux dans une
exploitation agricole.

Alincourt. (Juniville). — Pop. 268. — DD. 54 kil. —
DA. 13 kil. — DC. 3 kil. — *Ecarts* : le Château, le Moulin
de Mondrégicourt. — Sup. 887 hect. : jardins, vergers, 7;
terres lab. 764; prés, 12; bois, 89. — Cr2, gc1, gc2, Sa2. —
Le territoire s'étend sur les versants de la vallée de la
Retourne, qui le traverse à peu près en son milieu. L'altitude de la vallée, à l'ouest d'Alincourt, est de 94 m. au-
dessus du niveau de la mer; à 1,200 m. nord, sur le chemin de Perthes, le sol s'élève à 137 m. — La craie blanche affleure sur la majeure partie du territoire (763 hect.),
avec quelques poches de grève disséminées çà et là; dans
la région méridionale, elle est masquée par des lambeaux
de limon sableux ou sablo-argileux (92 hect.) ; dans le fond
de la vallée, alluvions marneuses ou tourbeuses (32 hect.),
couvertes de prairies médiocres. — Quatre espèces principales de terres : blanches crayeuses, grises, rougeâtres
et grèveuses. Ces dernières sont de beaucoup les moins
estimées; quand la grève est dominante, elles ne peuvent
même pas être plantées en bois. — Environ 50 puits, dont
la profondeur moyenne est de 10 mètres, et qui tarissent
quelquefois dans les années de sécheresse. — Un moulin
à eau, à trois paires de meules.

Amagne. (Rethel). — Pop. 669. — DD. 36 kil. — DA.
11 kil. — C'est à Amagne que la ligne d'intérêt local de

Vouziers s'embranche sur le chemin de fer de l'Est. —
Sup. 932 hect. : jardins, vergers, 11; terres lab. 729;
prés, 153; bois, 16; terres vagues, 3. — A3, M4. — Amagne est situé sur le versant droit de la vallée de l'Aisne; à
ses pieds, coule le ruisseau de Saulces, affluent de cette
rivière. Le sol est peu accidenté, comme le montrent les
altitudes suivantes : 80 m. dans la vallée, près du village;
90 m. sur le petit mamelon au nord; 97 m. sur le chemin
de Sorcy, près de la limite nord. — Les alluvions de
l'Aisne ont ici un grand développement (400 hect.); elles
sont en général marneuses, partiellement couvertes de
prairies; on y cultive l'osier. — Sur la rive droite du ruis-
reau de Saulces, qui limite les alluvions au nord, le limon
domine (376 hect.); il ne laisse guère affleurer la marne
que dans les dépressions (156 hect.), où se trouvent des
terres plus fortes et plus grasses. — Le territoire d'Amagne
est le meilleur de l'arrondissement. — Le village est bâti
sur la marne blanche; on utilise cette marne pour la fabrication des carreaux. — Il y a sur le territoire un grand
nombre de sources, mais d'un faible débit et très-irrégulières.
La seule source qui mérite d'être signalée est la *Fontaine
du Culot*, près du village, qui ne tarit jamais. 64 puits,
d'une profondeur moyenne de 6 mètres, ne manquent
jamais d'eau.

Ambly-Fleury. (Rethel).—Pop. 439. —DD. 40 kil. —
DA. 12 kil. — Cette commune est divisée en deux parties,
Ambly-haut et Ambly-bas, séparées par le canal des Ar-
dennes. — *Ecarts* : Fleury, section; la Charité, l'Abbaye.
— Sup. 588 hect. : jardins, vergers, 18; terres lab. 418;
prés, 107; bois, 14; terres vagues, 1. — A3, A4, M3, M4.
— Les alluvions de l'Aisne occupent une grande partie du
territoire (296 hect.); le reste se partage entre la marne

.crayeuse (160 hect.) et le limon (132 hect.). — La craie marneuse est généralement compacte, d'un gris plus ou moins foncé; dans une carrière située à l'angle S.-O. du territoire, elle contient des pyrites et des silex noirs. — Le limon présente généralement la superposition des deux couches : l'inférieure, qui consiste en un sable argileux et calcaire jaunâtre; la supérieure, en une argile sableuse rougeâtre. On l'exploite pour la fabrication des briques, près de la Croix-Choffin. — Le sol de cette commune est de très-bonne qualité. Les terres marneuses conviennent surtout pour la culture du blé et des fourrages artificiels; les betteraves réussissent mieux dans les terres limoneuses. — Altit. princip. : 80 m. près du canal, à la limite ouest; 97 m. à l'ancien moulin à vent; 145 m. à l'angle sud-ouest du territoire. — Le ruisseau de Saulces-Champenoises se jette dans l'Aisne à Ambly-haut. Il y a environ 25 puits, dont la profondeur moyenne est de 4 à 5 mètres, et qui ne tarissent pas. A la Charité, source d'un débit assez considérable, mais tarissant dans les grandes sécheresses. — Un moulin à farine, avec deux paires de meules, activé par deux roues hydrauliques et une machine à vapeur. Une briqueterie. Un atelier d'équarrissage.

Annelles. (Juniville). — Pop. 287. — DD. 51 kil. — DA. 10 kil. — DC. 5 kil. — Sup. 1,270 hect. : jardins, vergers, 6; terres lab. 1,119; bois, 96; terres vagues, 28. — Cr1, Cr2, gc1, Sa2, A3. — Le sol n'est pas très-accidenté : à la sortie du village, sur le chemin du Ménil-Annelles, il est à 113 m. au-dessus du niveau de la mer; à l'extrémité sud du territoire, à 149 m.; au Signal d'Annelles, au nord, à 166 m.; ce dernier point est le plus élevé. — La craie blanche affleure sur une grande partie du territoire (1,046 hect.); à l'ouest et au sud du village, ainsi que dans la direction du Ménil, elle disparaît sous des alluvions anciennes argilo-sableuses ou sablo-argileuses (224 hect.); quelques poches de grève crayeuse. A une distance d'environ 700 mètres du village, dans le talus du chemin de Juniville, on observe, sous le limon argileux rougeâtre, le sable argilo-calcaire, avec veines de grève, dans lequel se trouvent des ossements d'animaux de l'espèce ovine et des coquilles terrestres. — Quatre sortes de terres : blanches crayeuses, rouges, grises et gréveuses. — Cette commune est complètement dépourvue de sources; on ne peut se procurer l'eau qu'à l'aide de puits, dont la profondeur moyenne est de 17 mètres, et qui tarissent rarement.

Arnicourt. (Rethel). — Pop. 354. — DD. 38 kil. — DA. 6 kil. — Sup. 833 hect. : jardins, vergers, 46; terres lab. 582; prés, 153; bois, 25. — M3, M4, A3, A4. — *Ecarts :* le Pays-Bas, Boyaux. — Arnicourt est situé près du Plumion, sur un coteau marneux à pente assez douce. Altit. princip. : 81 m. dans la vallée; 131 m. à 1 kilom. 1/2 du village, sur le chemin de Barby; 144 m. à l'angle S.-E. du territoire. — La craie marneuse se montre à la surface du sol sur la plus grande partie du territoire (585 hect.); le limon (104 hect.) et les alluvions du Plumion (144 hect.) la recouvrent dans l'autre partie. — Le limon occupe les points les plus élevés; il se compose d'une couche de sable argilo-calcaire gris-jaunâtre de 1 m. 50 à 2 m. d'épaisseur, à laquelle est généralement superposée une couche d'argile rouge dont la puissance, très-variable, peut dépasser 1 m. 50. Il y a parfois de petits fragments de silex dans cette argile. — Bon terroir. — Le village est alimenté par une trentaine de puits, de 15 m. de profondeur moyenne,

tarissant pour la plupart dans les années sèches. Deux
sources assez importantes, intarissables : la première,
connue sous le nom de *Fontaine St-Etienne*, sourd à peu
de distance d'Arnicourt ; la seconde est près de la ferme
de Boyaux, où on l'utilise pour les irrigations. — Un
moulin à farine, muni de quatre paires de meules, activé
par une turbine de 12 chevaux.

Asfeld. (Chef-lieu de canton). — Pop. 1,057. — DD. 64
kil. — DA. 23 kil. — *Ecarts* : Vauboison, la Maladrie, le
Moulin-Routhier. — Sup. 1,778 hect. : jardins, vergers,
20 ; terres lab. 1,443 ; prés, 170 ; vignes, 25 ; bois, 49 ;
terres vagues, 3. — Cr2, gc1, Sa2, A3, A4, AC2. — Le
territoire d'Asfeld s'étend dans la vallée de l'Aisne, dont la
largeur est d'environ 1 kilom. 1/2, et sur les deux versants
de cette rivière. — Altit. princip. : 63 m. dans la vallée, à
l'extrémité sud du bourg ; 109 m. à la limite est du territoire, sur le chemin de St-Loup ; 121 m. sur la hauteur au
sud de la ferme de Vauboison. — Les alluvions anciennes
constituent une grande partie du territoire (886 hect.) ; la
craie blanche affleure sur 452 hect. ; les alluvions de
l'Aisne occupent le reste (440 hect.). — Près d'Asfeld, terrière dans laquelle on voit 2 mètres de sable glauconieux,
avec petits grains de craie, recouverts par 3 m. de grève
crayeuse et 0 m. 50 d'argile sableuse rougeâtre. — La
craie désagrégée et le limon, surtout quand il est profond
et qu'il a un sous-sol crayeux, donnent de bonnes terres
labourables. Les alluvions de l'Aisne sont argilo-sableuses ;
bonnes prairies ; il y a aussi quelques bois dans la vallée.
— On compte environ 300 puits, dont la profondeur
moyenne est de 7 mètres ; quelques-uns tarissent dans les
grandes sécheresses. Voici, d'après M. Cailletet, quelle est
la composition de l'eau de puits :

Titre hydrotimétrique....................	35° 1/2
Acide carbonique libre....................	0¹ 01875
Chlorure de magnésium....................	0ᵍʳ 0360
Chlorure de calcium....................	0 0912
Sulfate de chaux....................	0 0420
Carbonate de chaux....................	0 1725
Substances fixes pour 1 litre............	0ᵍʳ 3417

— Deux moulins, l'un à quatre, l'autre à cinq paires de meules. Une huilerie sans importance.

Auboncourt-Vauzelles. (Novion-Porcien). — Pop. 272. — DD. 32 kil. — DA. 11 kil. — DC. 8 kil. — *Ecarts* : Vauzelles, hameau ; le Château de Belle-Vue, le Moulin de Wasselin, la Maison-Legrand. — Sup. 540 hect. : jardins, vergers, 24 ; terres lab. 389 ; prés, 104 ; bois, 3. — M3, M4, Gl4, A3, A4. — Altit. princip. : 87 m. dans le marais, près de la route ; 101 m. dans la vallée du ruisseau de Saulces, près de la limite nord ; 102 m. à Vauzelles, sur la route ; 127 m. sur le monticule de Belle-Vue. En somme, le territoire est assez faiblement ondulé. — La marne crayeuse affleure sur environ 368 hect.; elle disparaît sous le limon sur le plateau à l'ouest d'Auboncourt (44 hect.), et sous les alluvions modernes dans la vallée où coule le ruisseau de Saulces et dans le marais près de la route nationale (116 hect.). Sur la rive gauche du ruisseau de Saulces, se montre en outre l'argile du gault (12 hect.). — Grande carrière de marne blanche près du château de Vauzelles. Marne glauconieuse entre Vauzelles et les Tuileries. Exploitation de nodules de chaux phosphatée dans le gault : la couche a 12 ou 15 cent. d'épaisseur ; elle est recouverte par 0 m. 50 d'une argile gris pâle, au-dessus de laquelle se trouve une couche de 1 mètre de marne gris-bleuâtre, glauconieuse, avec nids de calcaire friable ;

cette couche, que l'on prendrait au premier abord pour
l'argile du gault, est de la craie marneuse remaniée. —
Composition d'un échantillon de nodules phosphatés d'Auboncourt :

Eau et matières organiques...........................	7 50
Acide carbonique...............................	3 90
Argile et sable...............................	37 10
Oxyde de fer...............................	2 75
Chaux...............................	28 85
Acide phosphorique.........	19 90
	100 »
Phosphate tricalcique correspondant.....	43 42

— Les terres marneuses, qui dominent, sont de bonne
qualité, mais souvent un peu humides ; elles seraient
avantageusement drainées sur plusieurs points. — Six
sources, ne tarissant jamais ; deux d'entre elles sourdent
près d'Auboncourt et de Vauzelles. 14 puits, de 10 m. de
profondeur moyenne, tarissant dans les années sèches.
— Une râperie de betteraves envoyant les jus à la sucrerie
de Coucy, activée par une machine à vapeur de 20 chevaux. Un moulin à deux paires de meules sur le ruisseau
de Saulces.

Aussonce. (Juniville). — Pop. 395. — DD. 60 kil. —
DA. 19 kil. — DC. 7 kil. — *Ecarts :* le Moulin-à-Vent,
Ferme de Merlan. — Sup. 1,937 hect. : jardins, vergers,
6 ; terres lab. 1,804 ; prés, 7 ; bois, 97. — Cr1, Cr2, gc1,
Sa2, A3. — La craie blanche affleure sur presque tout le
territoire (1,761 hect.) ; elle présente quelques poches de
grève crayeuse, et elle est recouverte par du limon à l'est
du village et près de la ferme de Merlan (176 hect.). —
Cette commune est une des moins bien partagées de l'arrondissement sous le rapport de la valeur du sol. Cepen-

dant les terres limoneuses et les terres blanches crayeuses assez profondes y sont de qualité passable. — Altit. princip. : 105 m. près du village ; 121 m. à 1,200 m. S.-E.; 151 m. à 2 kilom. 1/2 S.; 151 m. à 1 kilom. 1/2 N. — Deux sources voisines donnent naissance à un petit cours d'eau très-irrégulier, le *ruisseau de St-Syndulphe,* qui traverse le village ; grâce à ce ruisseau, la commune possède quelques prairies naturelles. Une centaine de puits d'une profondeur moyenne de 7 m., ne tarissant pas. — Un moulin à farine, muni de deux paires de meules.

Avançon. (Château-Porcien). — Pop. 464. — DD. 49 kil. — DA. 10 kil. — DC. 6 kil. — *Ecart* : le Moulin. — Sup. 2,099 hect. : jardins, vergers, 14 ; terres lab. 1,847 ; vignes, 1 ; bois, 169 ; terres vagues, 38. — Cr1, Cr2, gc1, Sa2, A3. — Sol faiblement ondulé, comme le montrent les cotes suivantes : 93 m. près d'Avançon, sur le chemin de St-Loup ; 136 m. à la Croix-l'Hermite ; 149 m. à 2 kilom. E. du village. — Le sol a une composition très-simple : craie blanche affleurant sur une superficie de 1,032 hect., recouverte par le limon sur une superficie à peu près égale (1,067 hect.). — La grève crayeuse se montre à la surface de la craie ou sous le limon. Le limon a parfois une grande épaisseur ; on y observe les deux étages : sable argilo-calcaire jaunâtre, qui peut servir à amender l'argile sableuse rougeâtre privée de carbonate de chaux qui le surmonte. L'argile rouge convient pour la fabrication des briques, le sable argileux pour le mortier ; on mélange aussi ce dernier avec la grève pour faire des crépis. — 140 puits, de 18 m. de profondeur moyenne ; plusieurs tarissent dans les très-grandes sécheresses. — Une brasserie.

Avaux. (Asfeld). — Pop. 649. — DD. 66 kil. — DA. 25 kil. — DC. 4 kil. — Sup. 1,319 hect. : jardins, vergers, 10 ;

terres lab. 1,125; près, 65; bois, 37; terres vagues, 3. — Cr1, Cr2, gc1, Sa2, A3, A4. — Le territoire s'étend sur la rive droite de l'Aisne. Altitudes de 72 m. dans la vallée, près d'Avaux; de 129 m. au Calvaire d'Avaux. — La craie affleure sur une étendue de 428 hect.; dans tout le reste du territoire, elle disparaît sous les alluvions anciennes (747 hect.) ou sous les alluvions modernes de l'Aisne (144 hect.). — Carrières de craie. Exploitation de sable argileux et de grève crayeuse, près d'Avaux, pour la fabrication des carreaux de terre et du mortier; on voit, dans cette carrière, un massif de grève auquel est superposé un autre massif de sable argileux gris-jaunâtre, recouvert lui-même par 1 mètre d'argile rougeâtre. A 250 m. N.-O. du village, dans un chemin, tranchée de 4 mètres, montrant la grève recouverte par le sable argileux; plus haut, au Calvaire, on trouve des blocs de grès noyés dans le sable. Extraction du gravier de l'Aisne pour l'empierrement des chemins. — En dehors des alluvions argileuses de l'Aisne, qui sont couvertes d'assez bonnes prairies et de quelques bois, on distingue quatre espèces de terres : blanches crayeuses, grises, rouges et gréveuses; ces dernières sont les plus mauvaises. La grève, à moins qu'elle ne soit à une grande profondeur, constitue d'ailleurs presque toujours un mauvais sous-sol. — Chaque maison est munie d'un puits creusé jusqu'au niveau de la rivière; on en compte environ 200, dont la profondeur varie de 6 à 10 mètres et qui ne tarissent pas. — Une papeterie, activée par une turbine et une machine à vapeur. Une briqueterie.

Balham. (Asfeld). — Pop. 283. — DD. 59 kil. — DA. 18 kil. — DC. 5 kil. — Sup. 177 hect. : jardins, vergers, 7; terres lab. 72; prés, 43; vignes, 9; bois, 29; terres vagues, 1. — Sa2, A4. — Le territoire de cette commune, le plus petit de l'arrondissement, est tout entier dans la vallée de l'Aisne ; aussi le sol n'est constitué que par les alluvions modernes de cette rivière (165 hect.) et un peu de limon sablo-argileux sur la pente nord (12 hect.). — Terroir excellent. — Le village est situé dans une île ; il possède 70 puits, d'une profondeur moyenne de 5 mètres, qui naturellement ne tarissent jamais. — Un moulin à trois paires de meules.

Bannogne. (Château-Porcien). — Pop. 562. — DD. 55 kil. — DA. 20 kil. — DC. 10 kil. — *Ecarts :* Recouvrance, section, autrefois commune ; le hameau de Ruisseloy, la Chapelle de la Vierge, le Moulin-à-Vent. — Sup. 1,901 hect. : jardins, vergers, 14 ; terres lab. 1,831 ; bois, 31. — Cr1, Cr2, gc1, AC3, A3. — Le sol de cette commune ne se compose que de limon sur les plateaux (1,293 hect.) et de craie blanche dans les dépressions (608 hect.). — Territoire assez raviné : cotes de 91 m. dans la dépression au S.-O. de Recouvrance ; 155 m. au signal de Recouvrance ; 157 m. sur la hauteur, entre Ruisseloy et Chaudion. — Carrières de craie. Grève crayeuse çà et là à la surface de la craie. — Le limon a parfois plus de quatre mètres d'épaisseur ; l'argile rougeâtre, qui en forme généralement la partie supérieure, n'a pas plus d'un mètre. Les terres limoneuses sont presque toujours argilo-sableuses, pauvres en carbonate de chaux ; aussi on les marne avec la craie. — Comme il n'y a ni source, ni ruisseau, on ne peut se procurer d'eau qu'à l'aide de citernes et de puits. Ces derniers sont au nombre d'une trentaine, dont six communaux ; leur profondeur moyenne s'élève jusqu'à 60 mètres ; jamais ils ne tarissent. — Un moulin à vent à farine, comprenant deux paires de meules.

Barby. (Rethel). — Pop. 414. — DD. 42 kil. — DA.
4 kil. — Sup. 1,132 hect. : jardins, vergers, 18; terres
lab. 940; prés, 105; bois, 19; terres vagues, 4. — *Ecarts :*
le Moulin, le Pont-d'Arcole. — Cr2, M3, A3, Sa3. — Le
territoire de Barby s'étend sur la rive droite de l'Aisne; le
sol, qui est dans la vallée à la cote de 72 m., s'élève jusqu'à 143 m. sur le plateau près de la limite nord. — Dans
le fond de la vallée, terrains d'alluvion (308 hect.); sur le
versant de la vallée, marne crayeuse (683 hect.), masquée par un petit îlot de limon (29 hect.) à l'extrémité est du
territoire, entre la grande route et le ruisseau de Bourgeron; enfin, sur le plateau au nord, craie blanche (112 hect.)
— Près du village, carrière où l'on voit quatre mètres de
craie marneuse avec quelques silex noirs et de petits lits
de marne subordonnés. — Les terres marneuses sont généralement de bonne qualité; quant aux terres limoneuses
elles sont peu développées. — La *fontaine de Bourgeron,*
assez abondante, intarissable, et la *fontaine des Souris,*
peu considérable et tarissant presque chaque année, sourdent dans la partie est du territoire, et se réunissent pour
former le ruisseau de Bourgeron, qui coule au bas du village et se jette à peu de distance dans l'Aisne. Il serait
facile d'amener cette première source dans le village. 72
puits, dont la profondeur moyenne est de 9 m., et dont la
plupart ne tarissent jamais. Un moulin à trois paires de
meules sur la Vaux, à l'extrémité ouest du territoire.

Bergnicourt. (Asfeld). — Pop. 287. — DD. 54 kil. —
DA. 13 kil. — DC. 13 kil. — Sup. 816 hect. : jardins, vergers, 4; terres lab. 566; prés, 1; bois, 229. — Cr1, Cr2,
gc1. — Le village est situé sur la rive droite de la Retourne, qui coule, à la traversée de la route, à la cote de
81 m. Le sol est peu accidenté; altitude de 123 m. à l'ex-

trémité nord du territoire, sur la route d'Avançon. — La craie affleure partout ; on n'observe de traces de limon que sur la rive gauche de la Retourne. Faible étendue d'alluvions tourbeuses sur les bords de la rivière (16 hect.). — Les terrains de cette commune sont généralement de qualité médiocre. — Grande carrière de craie, près de la route nationale, au point où elle coupe la limite ouest ; à la surface du sol, indices d'une terre argilo-sableuse jaunâtre avec petits fragments crayeux. — Puits dont la profondeur moyenne est de 6 mètres ; la plupart tarissent dans les années de grande sécheresse, et il faut les curer ou les recreuser pour obtenir de l'eau. — Une filature de laine peignée. Un atelier de tissage mécanique. Une brasserie.

Bertoncourt. (Rethel). — Pop. 299. — DD. 37 kil. — DA. 4 kil. — *Ecart* : le Paradis. — Sup. 683 hect. : jardins, vergers, 22 ; terres lab. 507 ; prés, 87 ; bois, 4 ; terres vagues, 40. — M3, M4, A3, A4. — L'altitude la plus basse est de 92 m. dans la dépression au nord de Bertoncourt ; la plus élevée est celle de 147 m., au sud, près de la route nationale. — La marne crayeuse, qui affleure sur presque tout le territoire (563 hect.), donne de bonnes terres, généralement assez fortes, dans lesquelles le blé réussit. — Le limon se montre çà et là à sa surface ; mais il n'a une réelle importance qu'au nord-est du village (64 hect.). Dans cette région, les terres limoneuses sont généralement médiocres ; la marne constitue un sous-sol humide, et il serait avantageux de les drainer. Dans la direction de Sorbon, les terres limoneuses sont meilleures ; elles contiennent des fragments de craie marneuse et des silex noirs ; leur épaisseur est très-irrégulière, mais atteint quelquefois 1 m. 50. — Alluvions argileuses humides (56 hect.) dans la dépression qui s'étend de Bertoncourt jusqu'à la Dyonne. — Quatre sources sur le territoire, d'un faible débit, mais assez régulières et intarissables. Dans la commune, 63 puits, dont la profondeur moyenne est de 7 à 8 m.; quelques-uns tarissent à la suite de sécheresses prolongées.

Biermes. (Rethel.) — Pop. 354. — DD. 43 kil. — DA. 4 kil. — *Ecart* : le Moulin-à-Vent. — Sup. 795 hect. : jardins, vergers, 11; terres lab. 731; prés, 10; bois, 6; terres vagues, 17. — M3, M4, Cr2, gc1, AC2, AC3, A3. — Biermes est situé au confluent de l'Aisne et d'un petit ruisseau qui prend sa source sur son territoire, dans les marnes crayeuses. Cette formation constitue une grande partie du sol (463 hect.); elle donne des terres marneuses de bonne qualité, propres à la culture du blé, quelquefois cependant un peu humides. — Sur les plateaux, dans la région sud-ouest, affleure la craie blanche (204 hect.), avec quelques poches de grève crayeuse. Les terres auxquelles elle donne lieu sont généralement trop sèches. — Le limon ne se trouve que dans la partie du territoire située à l'ouest de Biermes (56 hect.). Mais la craie marneuse et la craie blanche sont couvertes, au sud et au sud-ouest du village, d'une terre grise avec petits fragments crayeux, dont l'épaisseur est de 1 à 2 m., tout à fait semblable à celle qui se trouve dans la commune d'Acy; c'est un terrain qui paraît être de formation analogue à la grève crayeuse; il n'en diffère que parce qu'il est le résultat de la trituration de deux roches, craie et marne. — Dans la vallée, terrain d'alluvion (72 hect.). — Carrières dans la craie blanche et la craie marneuse feuilletée. — Une cinquantaine de puits, ne tarissant pas, de 10 m. de profondeur moyenne. Citernes. — Un moulin à vent à deux paires de meules.

Bignicourt. (Juniville.) — Pop. 196. — DD. 55 kil. — DA. 15 kil. — DC. 3 kil. — Sup. 1,810 hect. : jardins, vergers, 8; terres lab. 1,545; prés, 16; bois, 214; autres cultures, 6. — *Ecart* : Ville-sur-Retourne, section aussi considérable que Bignicourt, qui a été érigée récemment en commune distincte. — Cr1, Cr2, gc1, Sa2, A3. — La plus grande partie du territoire présente la craie blanche à la surface (1,402 hect.), avec quelques poches de grève crayeuse; la rivière de la Retourne, qui coule de l'est à l'ouest, est bordée d'une faible largeur d'alluvions marneuses ou tourbeuses, assez marécageuses (52 hect.), et dans la région méridionale se trouve du limon argileux ou argilo-sableux (364 hect.). — Le sol est peu accidenté : altitudes de 107 m. près de Bignicourt, de 132 m. à l'extrémité S. du territoire, de 149 m. à l'extrémité N. — Quatre espèces principales de terres : blanches crayeuses, grises, rougeâtres et grèveuses. Les premières sont généralement les plus estimées; les terres grises ou rouges ne sont réellement mauvaises que quand elles sont trop minces et qu'elles ont la grève pour sous-sol; quant aux terres franchement grèveuses, elles ne peuvent être cultivées. — La Retourne coule aux pieds des jardins de Bignicourt et de Ville; elle a comme affluent le petit ruisseau de Saint-Lambert, qui sépare cette commune de Pauvre. 130 puits de 3 à 4 m. de profondeur; quelques-uns tarissent dans les grandes sécheresses. — Brasserie. Machine à vapeur de 4 chevaux dans une exploitation agricole.

Blanzy. (Asfeld). — Pop. 625. — DD. 58 kil. — DA. 17 kil. — DC. 5 kil. — Sup. 1,213 hect.: jardins, vergers, 21; terres lab. 1,018; prés, 2; vignes, 39; bois, 68; terres vagues, 31. — Cr1, Cr2, A2, A3, A4, Sa2. — Le territoire est situé sur la rive gauche de l'Aisne, qui coule le long de sa limite nord. Les altitudes extrêmes sont celles de 66 mètres dans la vallée, près du village, et de 139 m. au Signal de St-Loup. — La constitution minéralogique du sol est très-simple, comme au reste dans toutes les communes champenoises avoisinantes. On n'observe que de la craie blanche (665 hect.), du limon (392 hect.) et des alluvions modernes (156 hect.). — Carrières de craie pour la construction et les chemins. Exploitation de cailloux et de gravier de l'Aisne pour l'empierrement des chemins communaux. Près du village, terrière de 8 m. de profondeur, dans laquelle l'argile rouge et le sable argileux jaunâtre du limon, qui ont ensemble une épaisseur de 3 à 4 m., reposent sur la craie, remaniée sous forme de magma crayeux ou de grève, avec une épaisseur de 4 à 5 m. — Le limon a parfois une grande épaisseur, notamment près de Blanzy, ainsi que sur le chemin de Château-Porcien. Il donne des terres généralement argilo-sableuses, quelquefois sablo-argileuses ; on y trouve en quelques points des silex, comme à Aire. Ces terres sont de bonne qualité ; il en est de même des terres blanches crayeuses. — Les alluvions de l'Aisne sont argileuses, assez humides ; terres labourables, bois et prairies. — Le canal des Ardennes passe tout près du village. 180 puits, dont la profondeur moyenne est de 8 mètres, qui ne tarissent guère que pendant le chômage du canal. — Une briqueterie près du canal.

Brienne. (Asfeld). — Pop. 320. — DD. 69 kil. — DA. 28 kil. — DC. 7 kil. — *Ecarts* : la Bonne-Volonté, l'Utilité, fermes. — Sup. 1,223 hect. : jardins, vergers, 5 ; terres lab. 1,010 ; prés, 117 ; bois, 57 ; terres vagues, 1. — Cr2, gc1, A3, A4, M4. — La Retourne passe au pied du village et se jette tout près dans l'Aisne, qui forme la limite nord du territoire. — Altit. princip. : 61 m. dans la vallée de la Retourne, près de la limite est; 97 m. au point où le chemin de grande communication de Brienne à Vieux traverse la même limite; 165 m. au sud, à la bifurcation du chemin d'Aumenancourt et du chemin des Jabarts. — La craie constitue la plus grande partie du sol (807 hect.), avec quelques poches de grève crayeuse. Les alluvions ont une étendue notable (296 hect.). Quant au limon, on ne le trouve guère que sur la rive gauche de l'Aisne, où il forme des terres généralement argilo-sableuses, calcaires, très-propres à la culture du blé (120 hect.). — Près de Brienne, on fabrique des carreaux avec la grève crayeuse. A 800 m. N.-E., petite carrière dans laquelle on observe des lits minces alternatifs de sables purs à grains moyens, gris, glauconieux, de sables argileux très-fins et de craie remaniée. — Dans le village, 94 puits, dont la profondeur moyenne est de 8 m., et qui ne tarissent guère que par défaut de curage. — Un moulin à farine à deux paires de meules sur la Retourne. Machine à vapeur de 4 chevaux dans une exploitation agricole.

Chappes. (Chaumont-Porcien.) — Pop. 293. — DD. 44 kil. — DA. 17 kil. — DC. 6 kil. — *Ecarts* : La Vigne, Villaine, fermes. — Sup. 959 hect. : jardins, vergers, 21; terres lab. 803; prés, 105; bois, 5. — M3, M4, A3. — La marne crayeuse affleure sur la plus grande partie du territoire (607 hect.); elle est recouverte, dans l'autre partie, surtout sur les plateaux, par des alluvions anciennes (300 hect.), et dans le fond de la vallée par des alluvions modernes (52 hect.). — Le sol est passablement accidenté, comme le montrent les altitudes suivantes : 107 m. dans la vallée, près du village; 182 m. au Signal; 194 m. sur la hauteur, au nord de Chappes. — La craie marneuse contient des silex à la partie supérieure; on peut les voir en place notamment en montant la grande côte au N.-E. de Chappes; sur le mamelon au-dessus, terres rouges à silex. Ailleurs, les alluvions anciennes consistent en limon ou terres à silex. Il y a aussi des silex épars à la surface des terres marneuses. — Carrières de craie marneuse pour l'encaissement des chemins. On exploite les silex pour empierrement, ou on les ramasse à la surface du sol. — On connaît sur le territoire 38 sources, dont 4 dans le village; elles sont assez régulières et ne tarissent guère; on les utilise pour les irrigations. — Une vingtaine de puits, dont la profondeur moyenne est de 8 m., et qui ne tarissent pas. — Pressoirs à manége pour cidre.

Château-Porcien. (Chef-lieu de canton). — Pop. 1,700. — DD. 46 kil. — DA. 10 kil. — *Ecarts* : Pargny, la Briqueterie, la Villette. — Sup. 1,731 hect. : jardins, vergers, 33; terres labourables, 1,473; prés, 91; vignes, 79; bois, 1. — M3, Cr2, gc1, Sa2, A3, A4. — Cette commune s'étend sur les deux rives de l'Aisne. Nous citerons, parmi les altitudes principales : 67 m. dans la vallée, près de l'écluse de Pargny; 71 m. dans la vallée, près de la limite est du territoire; 134 m. sur le monticule au nord du territoire; 140 m. au Signal de St-Fergeux; 143 m. sur le chemin de Son, près la limite du territoire. — Le territoire se partage entre les alluvions modernes dans la vallée de l'Aisne (572 hect.), les alluvions anciennes sur le versant de cette vallée (204 hect.), la craie marneuse dans les dépressions (208 hect.), et au-dessus la craie blanche (747 hect.). — La craie marneuse, recouverte au sommet par la craie blanche, puis par une épaisseur de 3 à 4 m. de limon propre à la fabrication des briques, constitue le monticule auquel est adossée la ville; la craie donne lieu à des escar-

pements abrupts , au-dessus desquels s'élevait l'ancien
château. — A la surface de la craie, on observe çà et là de
la grève crayeuse, quelquefois recouverte par le limon; on
l'exploite pour la préparation du mortier. — Dans la vallée,
à l'est de Château, grande briqueterie où l'on voit 1 m.
d'argile rouge reposant sur 2 m. d'argile sableuse gris-
jaunâtre et sur la grève crayeuse. — Plusieurs puits, de
profondeur moyenne de 12 m., creusés jusqu'au niveau de
la rivière et intarissables. Voici, d'après M. Cailletet,
quelle est la composition chimique de l'eau d'un de ces
puits :

Titre	30°
Acide carbonique libre	0ᴵ 010
Carbonate de magnésie	0ᵍ 0264
Chlorure de calcium	0 0285
Sulfate de chaux	0 0210
Azotate de chaux	0 1092
Carbonate de chaux	0 1493
Substances fixes pour 1 litre	0ᵍ 3344

L'Aisne titre à Château-Porcien 19°. — Un moulin à
farine à 6 paires de meules. Un moulin à plâtre. Deux tanneries. Une brasserie. Une briqueterie. Une machine à vapeur de trois chevaux à la ferme de Pargny.

Le Châtelet-sur-Retourne. (Juniville.) — Pop. 387.
— DD. 54 kil. — DA. 13 kil. — DC. 8 kil. — *Ecart* : La
Guinguette. Station du chemin de fer de Mézières à Reims.
— Sup. 994 hect. : jardins, vergers, 6 ; terres lab. 811 ;
prés, 9 ; bois, 132 ; terres vagues, 15. — Cr1, Cr2, gc1, A3,
Sa2, T4. — Le territoire est traversé, de l'est à l'ouest, par
la Retourne qui, au passage de la grande route, coule à l'altitude de 81 m.; cette rivière reçoit, près du village, le petit
ruisseau des Prés, ou *ruisseau Pilot*, qui prend sa source à

Tagnon et entre sur le territoire à la cote 87. Le sol est faiblement ondulé ; l'un des points les plus élevés se trouve à la cote 126, à l'extrémité du territoire, sur le chemin du Ménil-Lépinois. — Le sol est constitué par la craie blanche (594 hect.), avec quelques poches de grève crayeuse ; par le limon argilo-sableux ou sablo-argileux (340 hect.) et par des alluvions modernes (60 hect.). Ces dernières sont tourbeuses ou marneuses ; à 2 m. de profondeur, on trouve la grève au-dessous. — Le long de la rivière, il y a un assez grand nombre de sources jaillissantes, assez régulières. Les puits du village ont 6 m. de profondeur moyenne et ne tarissent pas. — Un moulin à farine à deux paires de meules.

Chaumont-Porcien. (Chef-lieu de canton). — Pop. 946. — DD. 42 kil. — DA. 22 kil. — *Ecarts* : Pagan, Mauroy, hameaux ; Ste-Olive, chapelle ; Moulin-de-Pierre, le Ployer, Maison-Valtier, le Luteau, le Bois-Livoir, les Marais, Trion, Chevrières, Ste-Liberette, Moulin-Tinois. — S4, M3, M4, VM2, VM3, A3, A4. — Sup. 2,490 hect. : jardins, vergers, 52 ; terres lab. 1,989 ; prés, 283 ; bois, 101. — Le territoire est passablement accidenté et même raviné dans certaines parties. Voici les altitudes principales : 107 mètres dans le petit vallon de la Planchette, en face Adon ; 146 m. à Ste-Liberette ; 161 m. au Moulin-Tinois ; 205 m. sur la montagne où était situé l'ancien château ; 239 m. au Signal de Chaumont. — La gaize (18 hect.), les marnes crayeuses (1,640 hect.), les alluvions anciennes (744 hect.) et les alluvions modernes (88 hect.) se partagent le territoire de Chaumont. — Les affleurements de la gaize n'occupent qu'une très-faible étendue au nord de Mauroy, sur le versant d'un petit vallon. On peut voir cette roche sur une épaisseur de 2 m. près du ruisseau qui coule dans le vallon; elle donne lieu à des terres argileuses, assez compactes, privées de calcaire. — Le groupe des marnes crayeuses, qui présente dans cette commune un grand développement, a une composition variée. On peut y distinguer trois parties : 1° la partie inférieure, qui affleure dans la région est, consiste en marnes compactes, grises ou bleuâtres, dans lesquelles on remarque quelquefois des grains de glauconie; 2° au-dessus se trouve un sable argileux, plus ou moins glauconieux, vert foncé, sans calcaire, que l'on peut voir à fleur de sol sur le chemin de Chaumont au Moulin-Tinois, ainsi que sur le plateau qui s'étend entre Pagan et la Rosière, et à l'extrémité du territoire du côté d'Adon; 3° viennent ensuite des marnes compactes, argileuses; puis des alternances de craies grises ou blanchâtres plus ou moins marneuses, avec des silex et des pyrites de fer; cette partie de la formation constitue surtout la région ouest; elle est la plus importante. — Composition d'un échantillon de marne gris-pâle pris à 1 kil. ouest de Chaumont :

Eau...	3 50
Sable et argile..................................	45 72
Silice gélatineuse..............................	2 30
Oxyde de fer....................................	4 45
Carbonate de chaux............................	43 19
Carbonate de magnésie.........................	0 84
Acide phosphorique.............................	traces
	100 »

La marne donne des terres généralement fortes, compactes et humides; elles présentent surtout ce caractère à l'ouest de Chaumont. Cependant ces terres se sèchent assez rapidement; elles se crevassent alors fortement. Ce sont des terres de bonne qualité, propres à la culture du blé, qu'il faut labourer en temps opportun, et qui gagneraient à être drainées. — Sur les sables glauconieux, au contraire, les terres sont médiocres ; à marner. — Les alluvions anciennes consistent en terrain à cailloux et limon. Ce dernier est généralement argilo-sableux, jaunâtre ; il a 2 à 3 m. d'épaisseur, et contient quelquefois des fragments de silex ou même de gaize ; il constitue de bonnes terres, plus faciles à cultiver que les terres marneuses, mais où les récoltes sont moins assurées. Au contraire les terres rougeâtres avec silex sont compactes, assez difficiles à travailler, de moins bonne qualité. — La marne grise compacte est exploitée pour l'amendement des terres, notamment près de Pagan. On exploite, pour l'empierrement des routes, les bancs de silex noirs ; nous signalerons une carrière près du Moulin-Fréal, dans laquelle on peut voir les silex partiellement décomposés. On ramasse aussi, pour le même usage, les nombreux fragments répandus à la surface de certaines terres marneuses ou noyés dans l'argile rougeâtre. — Une tuilerie importante, située près du Moulin-Tinois, utilise l'argile sableuse du limon et la marne grasse bleue qui se trouve au pied de la butte de Chaumont avec une épaisseur de 15 mètres. Dans un puits de 35 m. de profondeur, que l'on a creusé près de cette tuilerie, on a rencontré d'abord 2^{m}50 de limon, ensuite 3 m. de sable vert argileux avec lits de silex, puis la marne. — Au moulin à eau, sur le ruisseau de la Planchette, puits présentant la coupe suivante : 5 m. de limon jaune, puis marne bleue ou grise, marne blanchâtre ; enfin calcaire corallien semblable à celui de Givron, à 30 m. de profondeur. — Le territoire de Chaumont, reposant sur une formation marneuse, offre un assez grand nombre de sources, qui donnent naissance à plusieurs petits cours d'eau. On en connaît une quarantaine, dont quelques-unes seulement tarissent dans les sécheresses; on les utilise pour les irrigations. Dans le bourg, il y a une centaine de puits dont la profondeur moyenne est de 15 m.; quelques-uns tarissent. Voici quelle est, d'après M. Cailletet, la composition chimique de l'eau d'une fontaine de Chaumont (1) et de l'eau d'un puits creusé dans la marne glauconieuse (2) :

	1	2
Titre	24° 1/4	11° 1/4
Acide carbonique libre	0ᴸ 0125	0ᴸ 0025
Carbonate de magnésie	0ᵍ 0264	»
Sulfate de magnésie	»	0ᵍ 0687
Chlorure de calcium	0 0142	»
Sulfate de chaux	»	0 0245
Azotate de chaux	0 0672	»
Carbonate de chaux	0 1390	0 0360
Chlorure de sodium	»	0 0810
Substances fixes pour 1 litre..	0ᵍ 2468	0ᵍ 2102

Deux moulins à eau et un moulin à vent, munis chacun d'une paire de meules. Un four à chaux. Une tuilerie, activée par une machine à vapeur de 6 chevaux, dans laquelle on fabrique des briques, des carreaux, des tuyaux, etc. Pressoirs à manége. Machine à vapeur de 6 chevaux à la ferme de Chevrières.

Chesnois et **Auboncourt**. (Novion-Porcien.) — Pop. 490. — DD. 27 kil. — DA. 18 kil. — DC. 13 kil. — *Ecarts* : Auboncourt-ès-Rivières, section; Sevricourt, hameau; la Saulx-Brûlée. — Sup. 471 hect. : jardins, vergers, 18; terres lab. 347; prés, 47; vignes, 16; bois, 23; terres vagues, 2. — C2, M3, V2, Gl4, A3. — Les deux villages sont situés dans une vallée encaissée où coule le ruisseau du Foivre; le fond en est occupé par les alluvions modernes (80 hect.), et les parois sont formées par les calcaires coralliens (56 hect.). Au-dessus se montre le calcaire à astartes (76 hect.), puis les sables verts avec nodules de phosphate de chaux et l'argile du gault (127 hect.). Sur les plateaux, cette dernière formation disparaît sous des alluvions anciennes argilo-sableuses (132 hect.). — Les calcaires coralliens, généralement durs, sont exploités pour l'empierrement des chemins et pour la construction. Ils donnent des terres calcaires, légères, peu productives. — L'étage du calcaire à astartes comprend des calcaires marbrés, des marnes et des couches minces de calcaire oolithique un peu ferrugineux. Il est recouvert par des terres marneuses de bonne qualité, propres à la culture du blé. — Sur les sables verts, terres sableuses; sur le gault, terres fortes, humides, à drainer. — Les alluvions anciennes consistent en une argile jaunâtre bigarrée de gris, provenant du remaniement du gault, et en limon, assez souvent superposé à cette argile. Voici quelle est la composition d'un échantillon de limon sableux reposant sur le gault, recueilli près de la Saulx-Brûlée, où on s'en sert pour la fabrication des briques :

Eau hygrométrique	2 »
Eau combinée et matières organiques	3 50
Sable et argile	84 40
Silice soluble dans la potasse	5 »
Alumine	1 10
Oxyde de fer	3 20
Carbonate de chaux	0 70
Carbonate de magnésie	0 10
	100 »

A la lévigation, on trouve :

Sable	25 »
Matières ténues	75 »
	100 »

Il conviendrait d'amender ces terres, de même que celles du gault et des sables verts, avec les calcaires ou les marnes du calcaire à astartes. — Exploitation des nodules de phosphate de chaux; on les pulvérise dans un moulin à deux paires de meules, situé à Sevricourt sur le Foivre. — Dans la vallée du Foivre, quelques sources peu importantes. Les puits ont une profondeur moyenne de 8 m.; ils ne tarissent que dans les très-grandes sécheresses.

Condé-lez-Herpy. (Château-Porcien). — Pop. 275. — DD. 48 kil. — DA. 11 kil. — DC. 2 kil. — *Ecarts* : le Ciseau, le moulin de Nandin, la chapelle de St-Lazare. — Sup. 1,155 hect. : jardins, vergers, 14; terres lab. 988; prés, 11; vignes, 39; bois, 39; terres vagues, 31. — M2, M3, Cr1, Cr2, gc1, A2, A3. — Condé est situé au confluent de l'Aisne et du petit ruisseau de St-Fergeux. Ce ruisseau coule à l'altitude de 72 m. un peu en amont du village; sur sa rive droite, le sol, tout en étant raviné, s'élève progressivement et présente les cotes suivantes : 113 m. au moulin à vent; 131 m. à 2 kilom. 1/2 du village, sur le chemin de Recouvrance; 155 m. au Signal Grimpechat.— Dans la vallée, alluvions modernes argileuses (128 hect.) ; sur les flancs du petit vallon où coule le ruisseau de Saint-Fergeux, craie marneuse avec indices de limon (168 hect.); plus haut s'étend la craie blanche (711 hect.), masquée par le limon argilo-sableux jaunâtre sur tout le plateau traversé par le chemin de St-Fergeux à St-Germainmont, ainsi que sur le petit plateau entre Condé et Herpy (148 hect.). — Composition d'un échantillon de craie blanche pris dans une carrière près de Condé :

Eau......	1 00
Argile et sable......	4 30
Carbonate de chaux......	93 60
Carbonate de magnésie......	0 20
Oxyde de fer......	0 90
	100 »

En sortant de Condé par le chemin de Recouvrance, on voit, à la surface de la marne crayeuse, un peu d'argile sableuse rougeâtre avec lits marneux et parties dures, concrétionnées, bréchiformes, appelées *chiens* dans le pays. Entre Condé et Herpy, les alluvions anciennes ont une grande puissance; la tranchée de la route les montre sur une hauteur de plus de 6 mètres; elles consistent en une argile brune avec fragments de craie marneuse et de silex à angles vifs, recouverte par le limon argilo-sableux rougeâtre, privé de calcaire, et contenant çà et là de petits lits irréguliers de gravier et de fragments siliceux. — La grève crayeuse forme sur la craie des poches, dont la puissance est parfois considérable; quelquefois elle est masquée par le limon. — 60 puits, qui ne tarissent que très-rarement. — Une briqueterie assez importante. Un moulin à eau à une paire de meules; un moulin à vent à deux paires. Une machine à vapeur de 4 chevaux dans une exploitation agricole.

Corny. (Novion-Porcien). — Pop. 367. — DD. 31 kil. — DA. 11 kil. — DC. 3 kil. — *Ecarts :* Machéroménil, section; Lautreppe, hameau; Cornicelle ou Corny-la-Cour, ferme. — Sup. 1,053 hect. : jardins, vergers, 29; terres lab. 668; prés, 300; bois, 29. — M3, M4, V3, Gl4, A3, A4, T5. — Sol peu accidenté, sauf dans la partie N.-E. Altit. de 90 m. au point où le ruisseau d'Urfosse quitte le territoire; 98 m. à Lautreppe; 103 m. près de Corny-la-Ville; 142 m.

sur le petit mamelon au N.-E. de Machéroménil. — Sables verts avec nodules de phosphate de chaux, en exploitation, et argile du gault, surtout dans la partie E. du territoire (391 hect.). Voici quelle est la composition de deux échantillons de ces nodules, pulvérisés en poudre très-fine au moulin de St-Irénée, commune de Rilly-aux-Oies :

	1	2
Eau et matières organiques	5 70	6 30
Sable et argile	33 00	32 70
Acide phosphorique	18 93	19 05
Autres matières	42 37	41 95
	100 »	100 »
Phosphate tricalcique correspondant..	41 32	41 59

L'échantillon n° 2 est le plus fin : il passe entièrement au tamis de soie. — Marnes crayeuses, généralement grasses, gris-foncé, autour de Corny-la-Ville (224 hect). A Cornicelle, la marne est glauconieuse et renferme des nodules. Composition d'une terre marneuse grise très-compacte près de Cornicelle :

Eau combinée et matières organiques		4 50
Argile et sable { Silice		59 10
{ Alumine		11 10
Argile attaquée par l'acide { Silice		6 65
chlorhydrique { Alumine		2 70
Oxyde de fer		4 55
Carbonate de chaux		11 30
Carbonate de magnésie		0 10
		100 »

Au N.-E. de Corny, la marne et le gault sont masqués sur une assez grande étendue par les alluvions anciennes (232 hect).— Alluvions modernes le long du ruisseau d'Urfosse et dans le marais à l'ouest de Corny-la-Ville. Ces dernières sont noirâtres, tourbeuses ; on y a même recherché la tourbe, mais on a reconnu qu'elle n'est pas exploitable. — Les terres sont généralement humides et même marécageuses ; à drainer. — Deux sources, peu régulières et baissant beaucoup en été : la *fontaine St-Denis*, qui alimente un lavoir public, et la *source de la Dyonne* ou *d'Urfosse*, qui forme un petit ruisseau. Les puits ont généralement 6 à 10 m. de profondeur ; ils tarissent. 3 puits, de 30 m. de profondeur, sont intarissables.

Coucy. (Rethel). — Pop. 407. — DD. 36 kil. — DA. 7 kil. — Sup. 638 hect. : jardins, vergers, 28 ; terres lab. 450 ; prés, 134 ; bois, 3. — *Ecarts* : le Moulin, la Sucrerie. — M3, M4, A3, A4. — C'est dans cette région que la vallée de l'Aisne atteint sa plus grande largeur, environ 3 kilom. — Le village est situé sur la rive gauche du ruisseau de Saulces, affluent de cette rivière. Le territoire s'étend sur les alluvions modernes (306 hect.) et sur la marne crayeuse (152 hect.), masquée par le limon (180 hect.) sur les versants de la vallée où coule le petit *ruisseau des prés des champs*. — La marne est peu calcaire à la base, comme le montre la composition suivante d'un échantillon recueilli à l'ouest de Coucy :

Eau hygrométrique	2 90
Eau combinée et matières organiques	4 10
Argile et sable	83 20
Silice soluble dans la potasse	1 »
Alumine	2 50
Oxyde de fer	2 90
Carbonate de chaux	3 40
	100 »

Les alluvions de l'Aisne sont argileuses ou marneuses ; généralement d'excellente qualité, quoique humides ; à drainer. Dans l'ancien bois de Coucy, défriché depuis une trentaine d'années, terre noire de 30 cent. d'épaisseur, que l'on cultive sans engrais et qui donne d'abondantes récoltes; sous cette terre noire, on trouve 1 m. 50 de terre jaune argileuse, 3 m. de marne grasse blanche remaniée, puis le gravier; un puits, creusé jusqu'à ce gravier, donne de l'eau jaillissante. — La marne crayeuse et le limon donnent également de bonnes terres, qui gagneraient à être drainées, car le blé y manque dans les années humides. — Sol peu accidenté : altitudes de 79 m. dans la vallée de l'Aisne près de Coucy, de 80 m. dans le vallon du ruisseau des prés à la limite septentrionale, de 102 m. sur le mamelon au nord de Coucy. — Deux petites sources, irrégulières et de faible débit. Les puits ont 3 à 4 m. de profondeur et ne tarissent jamais. — Un moulin à deux paires de meules sur le ruisseau de Saulces. Une sucrerie activée par une machine à vapeur de 164 chevaux. Deux machines à vapeur de chacune 4 chevaux dans des exploitations agricoles.

Doumely et **Bégny**. (Chaumont-Porcien). — Pop. 331. — DD. 40 kil. — DA. 17 kil. — DC. 5 kil. — *Ecarts* : Bégny, autrefois commune; le Moulin, le Château. — Sup. 781 hect. : jardins, vergers, 45; terres lab. 484; prés, 135; bois, 96. — A3, M3, M4. — Sol doucement ondulé : altitudes de 92 m. dans la vallée près de Doumely; 117 m. sur la hauteur au sud-ouest; 125 m. près de Bégny, à l'ouest; 142 m. à l'ancien moulin à vent. — Les marnes crayeuses constituent une grande partie du territoire; elles affleurent sur une étendue de 334 hect., et disparaissent sous les alluvions sur une étendue à peu près égale (344 hect.). Dans les petits vallons de la Planchette, du ruisseau de Givron et du ruisseau du Bois-la-Dame, s'étendent des terrains d'alluvions modernes (96 hect.), généralement argileux; et enfin il y a un petit affleurement de calcaire corallien (7 hect.) sur la rive gauche du ruisseau de Givron. — Au N.-O. de Doumely, près de l'ancien moulin à vent, les alluvions anciennes consistent en un limon rouge qui, dans le talus du chemin, montre une puissance de plus de 3 mètres. Voici sa composition :

Eau hygrométrique	3 20
Eau combinée et matières organiques	3 80
Argile et sable	76 85
Silice soluble dans la potasse	8 »
Alumine	2 60
Oxyde de fer	3 45
Carbonate de chaux	2 10
Carbonate de magnésie	traces
	100 »

Autour de Bégny, le limon contient parfois des fragments de silex; on l'utilise pour la fabrication des briques. — Au sud de Doumely, terrain à cailloux de silex sur la marne; ce terrain est parfois recouvert par le limon. — Les calcaires coralliens sont exploités pour l'empierrement des chemins. On voit à leur surface une épaisseur irrégulière de terre glaiseuse avec fragments calcaires, fragments de silex et nodules phosphatés. — Il y a sur le territoire cinq sources, peu considérables, mais ne tarissant pas. Dans la commune, deux fontaines et 42 puits, d'une profondeur moyenne de 15 m., intarissables. — Un moulin à farine avec une paire de meules sur le ruisseau de Givron. Une brasserie. Une briqueterie.

Doux. (Rethel). — Pop. 180. — DD. 37 kil. — DA. 5 kil. — *Écart :* Pernant, ferme. — Sup. 653 hect. : jardins, vergers, 11; terres lab. 462; prés, 92; bois, 68; terres vagues, 1. — M3, M4, A3. — Le territoire de Doux, situé sur la rive gauche du ruisseau de Saulces-aux-Bois, est assez étroit et allongé du sud au nord. L'altitude, qui

n'est que de 79 m. dans la vallée, s'élève jusqu'à 157 m.
au Signal de la Hussette. — Dans la vallée, alluvions modernes (104 hect.); sur les premières pentes, limon (140
hect.); puis marne crayeuse sur tout le reste du territoire
(409 hect.). — Les terres marneuses sont généralement
fortes, imperméables; aussi lorsque le printemps est
humide, le blé y vient mal; à drainer. — Les terres limoneuses sont de bonne qualité; elles valent mieux que les
précédentes. Dans la tranchée d'un chemin, au N.-O. de
Doux, on peut voir le limon sur une épaisseur de 7 à 8 m. :
à la partie supérieure, 0 m. 80 d'argile rouge privée de
carbonate de chaux; au-dessous, sable argilo-calcaire jaunâtre avec un lit subordonné, de 5 à 60 cent., de fragments
de silex noirs et de craie, à peine arrondis. — 7 sources
connues; peu considérables, mais assez régulières, et ne
tarissant que très-rarement; l'une de ces sources, qui
sourd à 300 m. du village, pourrait y être amenée. Les
puits, qui ont 5 m. de profondeur moyenne, sont alimentés
par la nappe aquifère de la vallée de l'Aisne; ils ne tarissent pas.

Draize. (Chaumont-Porcien). — Pop. 273. — DD.
35 kil. — DA. 18 kil. — DC. 7 kil. — *Écarts* : le hameau
de Folle-Pensée; Hospin, la Charbonnière, fermes;
Croane, moulin; la Briqueterie. — Sup. 679 hect. : jardins, vergers, 19; terres lab. 517; prés, 64; bois, 59;
terres vagues, 1. — MS3, MF3, AF3, C2, C3, GL4, S3,
M3, M4, A3. — Ce territoire, quoique peu étendu, offre
une grande variété de composition au point de vue géologique. Voici quelles sont les formations que l'on rencontre
successivement, suivant leur ordre d'ancienneté, à mesure
que l'on s'élève sur l'une ou l'autre rive du petit ruisseau
qui traverse le village : 1° le groupe exfordien (202 hect.),

représenté par des alternances de calcaire gris ou bleuâtre et de roche siliceuse, par des marnes bleues coquillières et par des calcaires à oolithes ferrugineuses. Ces derniers calcaires, qui sont assez friables, sont exploités pour amendement sous le nom de *castine*. La nature de la terre végétale varie suivant le sous-sol : elle est marneuse, ferrugineuse ou marno-siliceuse; 2° les calcaires coralliens (88 hect.), au sud de Draize; généralement blancs, assez durs, caractérisés par la présence des *nérinées*; exploités pour l'empierrement des chemins, notamment au-dessous de Folle-Pensée. Au milieu des calcaires durs, on trouve des bancs tendres, friables, qui pourraient servir de marne; 3° l'argile du gault, qui affleure au sud de Folle-Pensée (10 hect.); elle n'a qu'un faible développement, mais elle est reconnaissable à sa couleur gris-verdâtre et à la présence des nodules de phosphate de chaux; 4° la gaize (160 hect.), qui va en s'amincissant du N.-E. au S.-O., de telle sorte que, dans cette direction, on ne la rencontre plus au-delà de Draize; ainsi, à Givron, la marne crayeuse repose directement sur les calcaires coralliens. Cette roche porte dans le pays le nom de *croyette*. Dans le chemin au N.-E. de Draize, on la voit sur plus de 10 m. de puissance; elle est recouverte par une argile glaiseuse noirâtre, paraissant remaniée, avec nodules noirâtres de phosphate de chaux, puis par 4 ou 5 m. de limon; cette couche argileuse représente sans doute la glauconie inférieure à la marne crayeuse. La gaize donne des terres légères, sableuses; 5° la marne crayeuse (80 hect.), qui affleure surtout sur la rive droite. A la base, marne glauconieuse; dans le chemin de Wasigny, près de la limite du territoire, elle repose sur la gaize et contient des nodules phosphatés. Au-dessus marne grise, exploitée pour l'amendement des terres limoneuses, privées de calcaire; la marne glauconieuse vaudrait mieux, à raison de la potasse qui entre dans la composition de la glauconie. Voici quelle est la composition d'une marne gris-bleuâtre provenant d'une carrière ouverte à 1 kil. ouest de Draize :

Eau hygrométrique	0 90
Eau combinée et matières organiques	4 60
Argile et sable	6 50
Silice soluble dans la potasse	2 60
Alumine	0 45
Oxyde de fer	1 10
Carbonate de chaux	83 50
Carbonate de magnésie	0 35
	100 »

6° Les alluvions anciennes sur les plateaux (108 hect.); le calcaire qui affleure le long du ruisseau du Bois-la-Dame présente çà et là à sa surface une épaisseur variable de terre grasse, gris-foncé, non calcaire; à la base du limon des plateaux, on trouve des silex dans une terre argileuse compacte; en d'autres points, la marne crayeuse est recouverte par 1 à 2 m. d'une terre brune, compacte, avec silex, nodules phosphatés, marne gris-verdâtre remaniée, etc.; 7° un peu d'alluvion moderne (31 hect.) dans le fond de la vallée; terres marneuses, assez humides. — Altit. princip. : 130 m. dans la vallée, un peu au-dessous du moulin de Croane; 119 m. dans la même vallée, à la limite sud; 136 m. sur le plateau, entre Folle-Pensée et la Charbonnière; 185 m. à l'angle N.-E. du territoire. — Le village est traversé par un petit cours d'eau qui active deux moulins à farine, munis chacun d'une paire de meules. Il y a en outre dans le voisinage deux sources, qui ne tarissent pas et dont l'une alimente un lavoir public, et 35 puits d'une profondeur moyenne de 6 m. On peut citer encore, sur le territoire, une quinzaine de sources, d'un faible débit, mais ne tarissant que très-rarement.

L'Ecaille. (Asfeld). — Pop. 252. — DD. 57 kil. —
DA. 16 kil. — DC. 10 kil. — Sup. 915 hect. : jardins, vergers, 5 ; terres lab. 678; prés, 11 ; bois, 208. — Cr1, Cr2,
gc1, gc2, T4. — La Retourne, qui traverse le territoire de
l'est à l'ouest, est à la cote 75 en aval du village; près de
la limite sud, sur le chemin de Bazancourt, altitude de
130 m. — La craie constitue presque tout le sol de cette
commune (863 hect.) ; les alluvions de la Retourne occupent le reste du territoire (52 hect.). — Le long de la
rivière, grève crayeuse ou terre tourbeuse noirâtre.
Exploitation de grève entre l'Ecaille et St-Remy. — Dans
le village, 75 puits, dont la profondeur moyenne est de
6 m. environ, et qui ne tarissent que très-rarement.

Ecly. (Château-Porcien). — Pop. 560. — DD. 43 kil. —
DA. 7 kil. — DC. 4 kil. — *Ecarts* : Thorins, Boulans, le
moulin de la Rayé, le moulin de la Fosse ou la Filature, la
Sucrerie. — Sup. 936 hect. : jardins, vergers, 22; terres
lab. 812; prés, 61 ; vignes, 15 ; bois, 4. — M3, Cr2, Sa2,
A3. — Le territoire s'étend sur la rive droite de la Vaux;
il est accidenté, comme le montrent les altitudes suivantes : 80 m. dans la vallée de la Vaux, limite nord ; 128
mètres à 800 m. ouest de Thorins; 145 m. sur la hauteur
au nord-ouest, à la limite du territoire. — Les alluvions
anciennes, reposant sur les marnes crayeuses, constituent
la plus grande partie du sol (564 hect.); les marnes affleurent
sur une surface de 184 hect. ; dans la vallée, alluvions modernes (164 hect.), partiellement couvertes de prairies ; la
craie blanche (24 hect.) ne se trouve qu'aux points élevés,
dans la région N.-O. — La marne crayeuse renferme des
silex. Le limon argileux rougeâtre, avec quelques fragments de silex épars, repose sur le limon argilo-sableux
et calcaire, gris-jaunâtre. — Terres de bonne qualité en

général. — On connaît sur le territoire cinq sources, dont
l'une à Ecly et deux à Thorins; ces sources diminuent
beaucoup en été, sans cependant tarir. Une soixantaine de
puits, dont la profondeur moyenne est de 7 m., tarissant
rarement. — Une filature de laine peignée, activée par une
roue hydraulique de 30 chevaux et une machine à vapeur
de même force. Un moulin à farine sur la Vaux, avec deux
paires de meules. Trois machines à vapeur, de 16 chevaux
ensemble, dans trois exploitations agricoles. Une sucrerie
activée par 7 machines à vapeur de 102 chevaux. Les
écumes de défécation de cette sucrerie sont employées par
l'agriculture; voici quelle est la composition d'un échantillon de la campagne de 1868-69, la matière étant sup-
posée séchée à 100° :

Eau combinée et matières organiques	12 13
Acide carbonique	35 24
Sable	0 50
Silice	2 49
Acide sulfurique	0 37
Acide phosphorique	0 85
Chlore	0 02
Oxyde de fer et alumine	1 93
Chaux	45 48
Magnésie	0 41
Potasse	0 06
Soude	0 04
Perte	0 48
	100 »
Azote des matières organiques	0 51

Faissault. (Novion-Porcien). — Pop. 411. — DD.
25 kil. — DA. 17 kil. — DC. 7 kil. — *Ecarts* : Bélair, la
Crête, hameaux; les Bochets. — Sup. 574 hect. : jardins,
vergers, 31; terres lab. 451; prés, 7; bois, 66. — C2, C3,
Gl4, A3, A4. — Faissault est situé en partie dans une petite
vallée, au fond de laquelle affleurent les calcaires coral-

liens; on trouve encore les mêmes calcaires dans un vallon qui longe la limite N.-O. (44 hect.). Le reste du territoire est constitué par les sables verts avec nodules phosphatés et l'argile du gault, qui affleurent sur une étendue de 398 hect., et qui, sur les plateaux, sont masqués par les alluvions anciennes (132 hect.). — Les calcaires durs du groupe corallien sont exploités pour l'empierrement des chemins ; les calcaires marneux, tendres et gélifs, pour l'amendement des terres limoneuses et des terres argileuses qui recouvrent le gault. On exploite aussi les phosphates de chaux des sables verts. — Les alluvions anciennes consistent en argile jaune bigarrée de gris, provenant du remaniement du gault, et en limon argilo-sableux rougeâtre. Comme elles ont le gault pour sous-sol, elles forment des terres imperméables, que le drainage améliorerait dans bien des cas. Le marnage y produit d'excellents effets, à cause de leur manque de carbonate de chaux. — Composition d'une argile jaune prise sur le plateau au N. de Faissault :

Eau hygrométrique		1 50
Eau combinée et matières organiques		4 50
Sable et argile { Silice		75 20
Alumine		7 »
Argile attaquée par l'acide { Silice		5 55
chlorhydrique { Alumine		2 »
Oxyde de fer		3 55
Carbonate de chaux		0 70
Carbonate de magnésie		traces
		100 »

— On connaît, sur le territoire de cette commune, quatre sources dont l'une, assez régulière et intarissable, alimente une partie du village ; c'est la *fontaine St-Druon*. Il y a en outre une centaine de puits, dont la profondeur moyenne est de 8 m., et qui, pour la plupart, ne tarissent pas.

Faux-Lucquy. (Novion-Porcien). — Pop. 444. — DD. 34 kil. — DA. 11 kil. — DC. 10 kil. — *Ecart* : Lucquy, section plus considérable que Faux, qui a été érigée récemment en commune distincte. — Sup. 814 hect. : jardins, vergers, 17; terres lab. 717; prés, 79; bois, 1. — Gl4, M3, M4, A3. — La marne crayeuse, avec ses terres généralement fortes et imperméables, affleure sur la plus grande partie du territoire (506 hect.). — Elle est recouverte sur le plateau par le limon jaune, qui donne de bonnes terres, meilleures que les terres marneuses (276 hect.). — Ce territoire est d'ailleurs de bonne qualité; c'est un des plus riches du canton de Novion. — Le long du ruisseau de Saulces, au nord, il y a un peu de terrain d'alluvion argileuse (26 hect.); sur la rive gauche de ce ruisseau, à la traversée du chemin de fer, petit affleurement de glaise du gault (6 hect.). — Les sources sont au nombre d'une dizaine, peu abondantes, irrégulières; la plupart tarissent; l'une d'elles sourd au bas de Lucquy. Les puits baissent considérablement dans les sécheresses.

Fraillicourt. (Chaumont-Porcien). — Pop. 622. — DD. 47 kil. — DA. 25 kil. — DC. 8 kil. — *Ecarts* : le Radois, hameau; la Folie, Bertincourt, fermes. — Sup. 1,439 hect. : jardins, vergers, 40; terres lab. 1,185; prés, 60; bois, 112; terres vagues, 1; autres cult. 1. — M3, M4, St, Sa2, A3. — Le territoire, assez raviné, est traversé du N.-E. au S.-O. par la rivière de la Malacquise, sur les deux rives de laquelle est bâti le village. Le fond de la vallée est occupé par des alluvions marneuses, assez humides (52 hect.), couvertes de prairies; sur les pentes de cette vallée, ainsi que dans les vallons et les ravins, affleure la marne crayeuse (272 hect.); sur les plateaux, la marne disparaît sous le limon (1,115 hect.). — La craie marneuse renferme des silex à sa partie supérieure, notamment dans le ravin du Radois; elle est exploitée pour l'amendement des terres limoneuses, pauvres en carbonate de chaux. A moitié chemin entre le Radois et la Vaugérard (Wadimont), glaise grise sous la marne remaniée, avec silex à la surface. — Le limon a parfois une épaisseur considérable. Sur la grande route, au sud de Fraillicourt, à l'embranchement du chemin de Renneville, il est exploité pour la fabrication des briques; on voit 5 à 6 m. d'argile jaune, dont la partie supérieure est fendillée, sur 1 m. 75 de sable jaune, au-dessous duquel se trouve encore de la terre à briques; un puits, creusé pour la briqueterie, a une profondeur de 9 m. jusqu'aux silex qui reposent sur la marne. — Il existe généralement sous le limon une couche de sable fin très-blanc, grisâtre, jaunâtre ou rougeâtre, quelquefois un peu glauconieux, dont on se sert pour la construction, et qui paraît être de formation tertiaire. On peut l'observer surtout sur le plateau, à 1,200 m. N.-E. d'*Au-delà de l'Eau*, où il a 2 à 3 m. de puissance et repose sur les silex noirs; au-dessus du ravin, à 1,500 m. S.-E. de Fraillicourt, où il est superposé à la marne, etc. — Outre la Malacquise, le village possède un petit ruisseau, dit *de la Fontaine d'Ardenne*; une fontaine, près du Moulin; et une trentaine de puits, dont la profondeur est de 8 à 10 m. et qui ne tarissent jamais. Sur le territoire, on connaît 8 sources, qui ne tarissent que très-rarement et servent aux irrigations. — Deux moulins à farine, l'un à Fraillicourt, l'autre à Bertincourt, munis chacun de deux paires de meules, chômant une partie de l'année par manque d'eau. Une briqueterie. Une huilerie de faible importance. Pressoirs à manége.

Gaumont. (Asfeld). — Pop. 521. — DD. 57 kil. — DA. 16 kil. — DC. 7 kil. — Sup. 723 hect. : jardins, vergers, 16; terres lab. 523; prés, 109; vignes, 38; bois, 6. — Cr2, Cr3, A3, A4, Sa3. — Le village est bâti sur une falaise crayeuse au pied de laquelle coule l'Aisne, à la cote de 69 m.; à l'*Arbre Grenier*, le sol atteint 134 m. Le territoire s'étend sur la rive droite de cette rivière, qui est bordée par des alluvions argileuses, assez humides (220 hect.), dont la largeur maximum est de 1,500 m.; le limon recouvre toutes les hauteurs et les pentes douces (323 hect.); la craie blanche affleure sur les pentes abruptes de la vallée et dans le fond des vallons (180 hect.). — Le limon, en certains endroits, acquiert une importance notable; ainsi, près du chemin de Gaumont à Herpy, on observe dans une carrière 3 à 4 m. de sable argileux gris sous 0^m 30 à 0^m 50 d'argile rougeâtre. Il donne des terres argilo-sableuses ou sablo-argileuses. — Carrières de craie pour la construction et les chemins. — 75 puits, dont la profondeur moyenne est de 27 m., ne tarissant jamais; 3 citernes.

Givron. (Chaumont-Porcien). — Pop. 302. — DD. 39 kil. — DA. 20 kil. — DC. 3 kil. — *Ecarts* : Les Fondys, la Place-à-Lys, Les Fleurys, Courbraine, hameaux. — Sup. 715 hect. : jardins, vergers, 38; terres lab. 538; prés, 89; bois, 30; terres vagues, 1. — AF3, C3, S3, M3, M4, Sa2, A3, A4. — Le village est situé dans une vallée assez encaissée, où coule un petit ruisseau; un peu au-dessous de Givron, dans la vallée, l'altitude du sol est de 113 m.; elle s'élève à 152 m. sur le plateau à l'ouest, et à 167 m. au *Cerisier des Quatre-Chemins*. — Sur les versants de la vallée affleurent les calcaires coralliens (70 hect.), recouverts dans le fond par un peu d'alluvion (28 hect.). A cette première formation succèdent immédiatement les

marnes crayeuses (337 hect.), qui elles-mêmes, à mesure
qu'on s'élève, ne tardent pas à disparaître sous le limon,
qui occupe les plateaux (240 hect.). A l'extrémité N.-E.
du territoire, en descendant vers un petit ruisseau, on voit
successivement affleurer, sous la marne crayeuse, la gaize
(30 hect.), puis l'argile ferrugineuse oxfordienne (10 hect.).
— Les calcaires coralliens contiennent beaucoup de polypiers; on les exploite pour l'empierrement des chemins.
Ils sont masqués partiellement par un dépôt irrégulier,
mais peu épais, d'une glaise sableuse brun-rougeâtre, non
calcaire, avec débris de pierre, qui remplit leurs anfractuosités, et donne des terres fortes, difficiles à cultiver,
assez humides même, malgré la perméabilité du sous-sol.
— Composition d'un échantillon de cette glaise, pris près
de Givron :

Eau hygrométrique		2 50
Eau combinée et matières organiques		5 80
Sable et argile { Silice		45 20
{ Alumine		7 50
Argile décomposée par l'acide { Silice		20 10
chlorhydrique { Alumine		9 20
Oxyde de fer		7 »
Carbonate de chaux		2 60
Carbonate de magnésie		» 10
		100 »

Ce qui caractérise cette glaise, c'est que l'argile qu'elle
contient est facilement attaquable par l'acide chlorhydrique
étendu, et qu'elle est complètement dépourvue de carbonate de chaux; la forte proportion de cette substance
constatée par l'analyse chimique provient de petits fragments de la roche calcaire du sous-sol. — La gaize de
Givron contient une forte proportion de silice gélatineuse soluble dans la potasse; voici quelle est sa composition :

Eau	2	»
Silice soluble dans la potasse	57	60
Silice insoluble dans la potasse	26	25
Alumine	7	70
Oxyde de fer	3	»
Chaux	2	15
Magnésie	»	30
Perte et matières non dosées	1	»
	100	»

— Au-dessus de la gaize, on trouve des nodules de phosphate de chaux dans la marne. Un échantillon provenant de fouilles exécutées près du hameau des Fondys, le long du chemin qui va rejoindre la route de Draize à Givron, nous a donné à l'analyse chimique 20,29 0/0 d'acide phosphorique, correspondant à 44,29 de phosphate de chaux tribasique, et 7,50 0/0 seulement de sable et argile. — La marne crayeuse est compacte ou grasse; blanchâtre, grisâtre ou verdâtre; elle doit cette dernière nuance à la présence de la glauconie. Le sable glauconieux, intercalé à Chaumont et Adon dans cette formation, n'affleure pas ici. Il est partout masqué par le limon. Dans la direction d'Adon, marne grise, compacte et argileuse, avec bancs glauconieux plus résistants. — Le limon a une composition variable : tantôt il est argilo-sableux, jaunâtre; tantôt sableux, à grain fin, formé par un mélange d'argile et de sable vert; tantôt il contient du sable vert remanié et des silex. — Il y a à Givron 2 fontaines et 45 puits, d'une profondeur moyenne de 10 m., la plupart intarissables; dans les hameaux, 2 fontaines et 7 puits. En outre, une dizaine de sources, sur le territoire; utilisées pour les irrigations; plusieurs tarissent dans les années sèches. — Un moulin à deux paires de meules sur le ruisseau de Givron.

Givry. (Rethel). — Pop. 506. — DD. 41 kil. — DA. 15 kil. — *Ecarts* : Foivre, l'Ecluse. — Sup. 1,193 hect. :

jardins, vergers, 14; terres lab. 976; prés, 125; bois, 17; terres vagues, 11. — A3, M3, M4. — Le territoire de Givry, le plus fertile de l'arrondissement avec celui d'Amagne, est formé par les alluvions de l'Aisne au nord (448 hect.), la marne crayeuse sur les pentes (236 hect.) et le limon sur les plateaux (509 hect.). — Les alluvions sont argileuses ou marneuses; elles sont partiellement couvertes de prairies; on y cultive aussi l'osier. On extrait du gravier de l'Aisne pour l'empierrement des chemins. — La marne est généralement grasse, grisâtre ou blanchâtre; entre Givry et Montmarin, on l'exploite pour la fabrication des carreaux. — C'est sur le limon que se trouvent les meilleures terres. Son épaisseur dépasse souvent 4 mètres; à la partie supérieure, couche de 0 m. 50 à 1 m. d'argile rouge, et au-dessous, sable argilo-calcaire jaunâtre. — Le territoire n'est pas très-accidenté. Dans la vallée, au nord de Givry, l'altitude du sol est de 82 m.; elle est de 105 m. sur le monticule au sud, et de 109 m. à l'église de Montmarin. — Aucune source. 60 puits creusés jusqu'au niveau de l'Aisne, avec une profondeur moyenne de 9 m., ne tarissant jamais. — Un moulin à deux paires de meules, tout à l'extrémité du territoire, sur le ruisseau du Foivre, affluent de l'Aisne.

Grandchamp. (Novion-Porcien). — Pop. 273. — DD. 37 kil. — DA. 18 kil. — DC. 7 kil. — *Ecarts :* la Folie-Durand, la Guinguette, l'Hôpital, Constantine, le Moulin. — Sup. 727 hect.: jardins, vergers, 28; terres lab. 314; prés, 58; bois, 317. — MS3, MS4, AF3, C2, V2, Gl4, S3, S4, M3, A3. — Le groupe oxfordien constitue la plus grande partie du territoire (377 hect.); on le trouve dans les deux vallées où coulent les deux ruisseaux de Wagnon et de Mesmont, ainsi que dans le bas-fond à l'est de Grandchamp. A la partie supérieure, oolithe ferrugineuse, avec terres rouges; au-dessus, alternances de calcaire marneux et de roche siliceuse, puis de marne noire. Le calcaire marneux est parfois assez dur; on l'exploite pour l'empierrement des chemins. Cette partie du groupe donne des terres marneuses, humides dans les fonds. — Les calcaires coralliens ne se trouvent qu'à l'extrémité méridionale du territoire (16 hect.); ils contiennent beaucoup de *nérinées* et sont assez durs; carrières. Ce groupe est séparé du précédent par une faille dont la direction est à peu près E.-O., entre l'Hôpital et Mont-St-Martin. — Les sables verts et l'argile du gault forment un affleurement étroit (30 hect.) autour du plateau de Grandchamp; on a exploité autrefois comme cendres pour l'agriculture, au nord du village, quelques lits noirâtres pyriteux. — Vient ensuite la gaize (160 hect.), qui, au nord, repose directement sur les roches oxfordiennes. Comme elle ressemble beaucoup à la roche siliceuse alternant avec le calcaire marneux, il n'est pas toujours facile de saisir la limite entre les deux formations. La gaize donne des terres généralement sableuses et assez légères; quelquefois cependant fortes, humides, notamment dans la partie septentrionale. Près de la Folie-Durand, la gaize renferme 41 0/0 de silice gélatineuse; la terre qui la recouvre présente la composition suivante :

Eau hygrométrique		2 20
Eau combinée et matières organiques		3 »
Sable et argile {	Silice	70 50
	Alumine	7 54
Silice soluble dans la potasse		8 40
Alumine		3 08
Oxyde de fer		4 20
Carbonate de chaux		» 40
Carbonate de magnésie		» 15
		99 47

Les alluvions anciennes, qui recouvrent les plateaux
(144 hect.), consistent surtout en une argile plus ou moins
forte, bigarrée de gris et de rouge, connue sous le nom de
rougeon. Un puits creusé à Grandchamp jusqu'à l'argile du
gault a traversé le rougeon sur 3 mètres, puis la gaize sur
7 mètres; l'eau de ce puits titre 16° à l'hydrotimètre. —
Altit. princip. : 135 m. dans la vallée, au-dessus de Grandchamp; 217 m. à la Guinguette. — Une douzaine de
sources, généralement peu régulières. Dans le village, 18
puits, de 15 m. de profondeur moyenne; la plupart tarissent. — Un moulin à deux paires de meules.

Hagnicourt. (Novion-Porcien). — Pop. 176. — DD.
23 kil. — DA. 22 kil. — DC. 14 kil. — *Ecart* : Harzille-
mont, château. — Sup. 575 hect. : jardins, vergers, 17;
terres lab. 384; prés, 44; bois, 115; terres vagues, 2. —
M3, M4, MS3, MF3, AF3, C1, C2, A3. — Le terrain oxfordien a une importance notable dans cette commune; il
affleure sur la plus grande partie du territoire (409 hect.).
Il est couronné par les calcaires coralliens, qui commencent à se montrer à mi-côte des hauteurs qui dominent
à l'est et à l'ouest la vallée où est situé le village (84 hect.)
et qui, plus haut, disparaissent eux-mêmes sous des alluvions anciennes (76 hect.). Il y a enfin une faible étendue
d'alluvions modernes dans le fond de la vallée (6 hect.). —
L'oolithe ferrugineuse, qui forme la partie supérieure de
l'étage oxfordien, a ici une assez grande épaisseur; elle comprend des calcaires à oolithes ferrugineuses, des argiles ferrugineuses et des marnes, qui donnent des terres de nature
variée. Le calcaire ferrugineux, ou *castine*, qui se délite facilement, peut être employé pour le marnage des terres, de
même que la marne proprement dite. — Au-dessous se trouvent des alternances de roche siliceuse, de calcaire marneux

et de marne ; cette partie de la formation s'observe dans le fond de la vallée ; près du village, on peut l'étudier dans un assez grand nombre de coupes. Dans le village même, la roche siliceuse acquiert un grand développement. — Les calcaires coralliens contiennent beaucoup de polypiers ; les terres qui les recouvrent sont légères, pierreuses. — Les alluvions anciennes des plateaux consistent en une terre argileuse brune ; à marner ou à chauler. — Le territoire d'Hagnicourt, très-accidenté, s'étend sur le versant méridional de la petite chaîne de montagne nommée *les Crêtes*, qui sépare le bassin de la Seine de celui de la Meuse. Les sources y sont nombreuses ; elles donnent une eau assez abondante, et ne tarissent jamais, pour la plupart ; autant que possible, on s'en sert pour les irrigations. Le village est traversé par un cours d'eau, peu abondant l'été, souvent torrentiel l'hiver, comme tous les cours d'eau des formations imperméables. Il possède 2 sources intarissables, qui servent à alimenter un lavoir public et un abreuvoir. Dans la partie basse, les puits n'ont pas plus de 7 m. de profondeur ; mais dans la partie haute, ils atteignent 15 m. et plus ; ils manquent quelquefois d'eau dans les années de grande sécheresse.

Hannogne. (Château-Porcien). — Pop. 472. — DD. 54 kil. — DA. 22 kil. — DC. 12 kil. — *Ecarts* : Bray, hameau ; St-Remy, chapelle ; le Moulin à Vent, la Briqueterie. — Sup. 1,808 hect. : jardins, vergers, 7 ; terres lab. 1,730 ; bois, 34. — M3, M4, Cr1, Cr2, St, A3. — Territoire assez profondément raviné : cotes de 98 mètres dans le fond au sud d'Hannogne, 153 mètres au Moulin-à-Vent, 169 m. sur la hauteur au nord. — Les alluvions anciennes constituent la plus forte partie du sol (1,536 hect.) ; la craie blanche et la craie marneuse ne se

montrent, la première, que sur les flancs de la dépression
qui s'étend au S.-O. d'Hannogne et des petits vallons qui
s'y rattachent (220 hect.), la seconde, entre Hannogne et
Bray (52 hect.). — La marne crayeuse contient de gros
silex, que l'on exploite pour l'empierrement des chemins.
Grandes carrières de craie, près d'Hannogne; on y extrait
des matériaux pour la fabrication de la chaux. Voici quelle
est la composition d'un échantillon de craie de ces carrières :

Eau	0 80
Argile et sable	3 20
Carbonate de chaux	94 75
Carbonate de magnésie	0 25
Oxyde de fer	1 »
	100 »

— Les alluvions anciennes sont utilisées pour la fabrication des briques. Elles comprennent les deux limons :
l'argile rouge privée de calcaire, à la partie supérieure,
avec une épaisseur variable, mais dépassant rarement un
mètre ; au-dessous le sable argileux calcaire. Suivant que
l'un ou l'autre affleure, la terre végétale diffère ; elle est le
plus souvent argilo-sableuse. — Sous ces alluvions anciennes, on trouve du sable qui paraît devoir être rapporté
à l'époque tertiaire. Ce sable est presque toujours masqué;
quand il affleure, il donne lieu naturellement à des terres
très-sableuses, rougeâtres. Nous le signalerons notamment
à la limite des trois communes d'Hannogne, Sévigny et
St-Quentin, dans le bois d'Hannogne, à l'ouest du Moulin-
à-Vent, sur le chemin de Sévigny, etc. — On ne connaît
qu'une seule source, à Bray, à la séparation de la craie et
des marnes; elle est assez abondante l'hiver, mais elle
tarit l'été. Aussi on ne peut se procurer d'eau qu'à l'aide
de puits et de citernes. Ces premiers, au nombre de 21,

ont une profondeur de 45 à 50 m.; ils tarissent rarement.
— Un moulin à vent muni d'une seule paire de meules.
Une briqueterie. Un four à chaux. Une machine à vapeur
de 3 chevaux pour le battage du blé.

La Hardoye. (Chaumont-Porcien). — Pop. 349. —
DD. 42 kil. — DA. 26 kil. — DC. 4 kil. — *Écart* : le
Moulin-à-Eau. — Sup. 430 hect. : jardins, vergers, 41;
terres lab. 259; prés, 86; bois, 30; terres vagues, 1. —
M3, M4, VM3, A3, A4. — Le territoire s'étend entièrement sur la rive gauche de la Malacquise; l'altitude
du fond de la vallée est de 151 m. près du Moulin; le sol
s'élève jusqu'à 232 m. au Signal de la Hardoye. — Les
marnes et sables glauconieux intercalés dans les marnes
crayeuses sont très-développés dans cette commune; ils
occupent 240 hect. sur la superficie totale de 368 hect. occupée par l'ensemble de la formation. Dans le fond de la
vallée, il y a du terrain d'alluvion (30 hect.), et sur le plateau qui longe la limite méridionale, du limon (32 hect.).
— Entre la Hardoye et la rivière, on trouve, au milieu du
sable glauconieux, une sorte de grès calcaire avec grains
de glauconie. En voici la composition :

Eau	6 20
Acide carbonique	15 84
Sable et argile	20 40
Silice soluble dans la potasse	29 12
Alumine	1 74
Oxyde de fer	3 86
Chaux	21 44
Magnésie	» 30
Perte et matières non dosées	1 10
	100 »

— Les terres vertes durcissent facilement. A la surface
de la marne, il y a çà et là de l'argile rouge avec silex, qui

donne lieu à des terres assez compactes, de qualité inférieure à celle des terres limoneuses proprement dites des
plateaux. — La marne est exploitée pour l'amendement
des terres ; l'argile pour la fabrication des briques, tuyaux
de drainage, tuiles et carreaux. — La Malacquise reçoit
comme affluents deux petits ruisseaux qui traversent le
village. Les sources sont nombreuses, eu égard à la faible
étendue du territoire (30 environ) ; la moitié d'entre elles
tarissent dans les sécheresses ; quelques-unes sont employées pour les irrigations. Dans le village, il y a une
quarantaine de puits, dont la profondeur moyenne est de
8 m., et qui ne tarissent jamais. — Un moulin à deux paires
de meules sur la Malacquise. Une briqueterie.

Hauteville. (Château-Porcien). — Pop. 281. — DD.
41 kil. — DA. 11 kil. — DC. 8 kil. — *Ecarts* : le Vieux-
Moulin, la Ferme de la Cour. — Sup. 561 hect. : jardins,
vergers, 27 ; terres lab. 451 ; prés, 63 ; vignes, 2 ; bois, 1.
— M3, A3. — Hauteville est dans la vallée de la Vaux, rivière qui coule à l'altitude de 80 m.; elle reçoit comme
affluent le petit ruisseau de Son. Sur la hauteur au N.-O.,
altitude de 144 m.; au Blanc-Mont, 150 m. — La vallée de
la Vaux est relativement assez large ; le fond en est occupé
par des alluvions argileuses (184 hect.) ; la craie blanche
ne se montre qu'au Blanc-Mont sur une faible étendue
(6 hect.) ; le reste du territoire se partage entre la craie
marneuse (116 hect.) et le limon (255 hect.). — Le limon
a une épaisseur variable, qui peut dépasser 3 m.; on
observe quelquefois des silex à sa base. — On connaît sur
le territoire quatre sources, assez régulières, intarissables ; elles pourraient servir aux irrigations. Dans le village, 35 puits, de 3 à 5 m. de profondeur, dont un petit
nombre seulement tarit dans les grandes sécheresses.

Herbigny. (Novion-Porcien). — Pop. 280. — DD. 44 kil. — DA. 13 kil. — DC. 11 kil. — Sup. 524 hect. : jardins, vergers, 25; terres lab. 357; prés, 107; bois, 21. — M3, M4, VM3, A3, A4. — La marne crayeuse (196 hect.), les alluvions anciennes (208 hect.) et les alluvions modernes (120 hect.) se partagent le territoire. — Au milieu des marnes, couche glauconieuse vert foncé de 2 à 3 m. d'épaisseur; on la voit affleurer dans le chemin au N. du village. — Les alluvions anciennes consistent en limon, quelquefois avec cailloux à la base, ou en argile brune avec débris de silex, nodules, etc. — Beaucoup de prés et d'arbres à fruit. — Altit. princip.: 95 m. dans la vallée du ruisseau de Doumely, à l'ouest d'Herbigny; 141 m. sur la hauteur au nord, près de la limite du territoire. — Une fontaine dans le village; quatre autres sur le territoire. Ces sources ne tarissent jamais. Les puits, au nombre d'une quarantaine, manquent très-rarement d'eau.

Herpy. (Château-Porcien). — Pop. 383. — DD. 49 kil. — DA. 12 kil. — DC. 3 kil. — *Ecart :* le Moulin à vent de l'Epinette. — Sup. 1,065 hect. : jardins, vergers, 23; terres lab. 904; prés, 23; vignes, 31; bois, 42; terres vagues, 9. — Cr1, Cr2, gc1, A2, A3. — Le territoire s'étend sur la rive droite de l'Aisne. Cette rivière coule à l'altitude de 67 m. un peu au-dessous du village; le sol s'élève assez rapidement sur le versant droit; ainsi on trouve la cote de 130 m. sur le chemin du Thour, à 1,800 mètres du village, et celle de 145 m. à la limite N.-O. du territoire. — Les alluvions modernes ont une notable importance dans la vallée de l'Aisne (232 hect.); le reste du territoire offre la craie blanche à fleur de sol (689 hect.), ou recouverte par le limon (144 hect.) sur la hauteur entre Herpy et Condé, ainsi que sur le plateau qui se trouve à la limite N.-O. — Les alluvions de l'Aisne sont argilo-sableuses, jaunâtres; elles peuvent servir à la fabrication des briques. — Le limon a parfois une grande épaisseur, notamment entre Herpy et Condé (voir la description de cette dernière commune). On marne les terres limoneuses, privées de carbonate de chaux, avec de la craie. — Quelques poches de grève à la surface de la craie. — Pas de source connue. On se procure l'eau à l'aide de citernes et de puits. Ces derniers, au nombre de 88, ont une profondeur moyenne de 7 m.; comme ils sont creusés jusqu'au niveau de la rivière, ils ne tarissent pas. — Un moulin à vent à deux paires de meules.

Houdilcourt et **Poilcourt**. (Asfeld). — Pop. 571. — DD. 62 kil. — DA. 21 kil. — DC. 6 kil. — Ces deux sections ont été érigées récemment en communes distinctes. — *Ecart* : le Ménil. — Sup. 1,918 hect. : jardins, vergers, 10; terres lab. 1,651; prés, 102; bois, 128. — Cr2, gc1, Sa2, A2, M4. — Le territoire de cette commune s'étend sur les deux versants de la Retourne, qui le traverse à peu près en son milieu de l'est à l'ouest. Il est peu accidenté, comme on peut en juger par les cotes suivantes : 71 m. dans la vallée, à 600 m. sud d'Houdilcourt; 100 m. à la limite méridionale de la commune, sur le chemin de St-Etienne; 115 m. à la limite septentrionale, sur le chemin de Vieux. — Le sol est en grande partie constitué par la craie blanche (1,686 hect.). Près de la limite nord, il y a une faible étendue de limon sablo-argileux (36 hect.); on voit aussi des indices de limon, mais plus argileux, entre cette limite et la rivière, sur la pente. Les alluvions de la Retourne occupent 196 hect. — Près d'Houdilcourt, grande carrière où l'on exploite la craie pour les chemins. Sur le chemin de Boult, à 1,800 m. du village, extraction de grève crayeuse pour la construction. Près de Poilcourt, on fabrique des carreaux avec la terre blanche crayeuse. — A Poilcourt, les alluvions modernes présentent la coupe suivante : 50 c. de terre noire marneuse, reposant sur 30 c. de tourbe terreuse, de qualité médiocre, au-dessous de laquelle se trouve de la craie désagrégée. On exploite cette tourbe près de la filature pour le chauffage domestique. — Les alluvions de la Retourne ne sont pas de bonne qualité ; prés humides. — 130 puits, dont la profondeur est de 2 à 3 m., ne tarissant pas. — Un moulin à farine, muni de quatre paires de meules, à Houdilcourt. Une filature de laine cardée, à Poilcourt, activée par une roue hydraulique de 15 chevaux et une machine à vapeur de même force.

Inaumont. (Château-Porcien). — Pop. 364. — DD. 40 kil. — DA. 7 kil. — DC. 6 kil. — Sup. 474 hect. : jardins, vergers, 22; terres lab. 338; prés, 84; vignes, 5; bois, 9. — A3, M3. — Le village est situé sur le penchant d'un coteau, entre la rivière de Vaux et le ruisseau d'Inaumont. Au confluent de ces deux cours d'eau, l'altitude du sol est de 75 m.; elle est de 141 m. au point le plus élevé, près de la limite nord. — Dans la vallée, alluvions modernes (138 hect.); sur le versant gauche de la vallée de la Vaux, marne crayeuse (148 hect.); sur la hauteur et sur la pente qui s'incline vers le Plumion, alluvions anciennes (188 hect.). — Les alluvions anciennes consistent généralement en un limon jaunâtre ou rougeâtre; on voit quelquefois au-dessous, notamment à moitié chemin, entre Inaumont et la Maladrie, des cailloux de silex anguleux noyés dans une argile grasse rougeâtre. — On compte sur le territoire 8 sources, peu considérables, tarissant dans les grandes sécheresses; l'une de ces sources jaillit au milieu des habitations, au lieu dit *la Petite Cense*. Le village est alimenté encore par une trentaine de puits, dont la profondeur moyenne est de 10 m., et qui tarissent rarement. — Pressoirs à manége.

Juniville. (Chef-lieu de canton). — Pop. 1,296. — DD. 55 kil. — DA. 14 kil. — Sup. 2,620 hect. : jardins, vergers, 19; terres lab. 2,165; prés, 13; bois, 366; terres vagues, 8. — *Ecarts* : la Petite-Paroisse, la Chut. — Cr1, Cr2, gc1, Sa2, A3, M4, T5. — Le territoire s'étend sur les versants de la vallée de la Retourne, rivière qui le traverse en son milieu de l'est à l'ouest. Cette rivière reçoit comme affluent le petit ruisseau dit *du Bois des Paons*, un peu au-dessous du bourg. — Altitudes principales : 97 m. dans la vallée, près de la Petite-Paroisse; 101 m. à l'origine du ruisseau ci-dessus; 126 m. à 2,200 m. sud de Juniville, à l'intersection de la voie romaine et du chemin de La Neuville. — La craie blanche affleure sur la plus grande partie du territoire (2,148 hect.), avec quelques poches de grève disséminées çà et là; ailleurs elle est masquée par le limon sableux ou argilo-sableux (420 hect.), ou par des alluvions modernes marneuses ou un peu tourbeuses (52 hect.). — Composition de la craie de Juniville :

Eau	»	50
Argile et sable	3	»
Oxyde de fer	»	90
Carbonate de chaux	}	95 60
Carbonate de magnésie		
	100	»

— A 1 kil. environ de la Petite-Paroisse, près du chemin des Croix, carrière dans laquelle on voit 5 m. de grève, recouverte par 1 à 2 m. de sable argileux gris-jaunâtre mêlé d'un peu de grève, et par quelques décimètres d'argile sableuse brune. En quelques points, on observe au milieu de la grève une brèche à fragments crayeux solidifiés par un ciment calcaire; on l'appelle dans le pays *burge*. L'argile sableuse a été employée pour la fabrication des briques. — En dehors des terrains d'alluvion, couverts de prairies médiocres, on distingue quatre espèces de terres : blanches crayeuses, rouges, grises et gréveuses. Les premières sont généralement les plus estimées. — Dans ces dernières années, on a planté beaucoup de bois. — Le long de la Retourne, sourdent plusieurs petites sources dont quelques-unes, notamment celles de *Saint-Amand* et *des Marais Baudry*, ne tarissent pas. Chaque habitation est munie d'un puits dont la profondeur varie de 1 m. 50 à 8 m., suivant la hauteur au-dessus de la rivière; ces puits ne manquent presque jamais d'eau. Voici, d'après M. Cailletet, quelle est la composition de l'eau d'une fontaine (1) et de l'eau d'un puits (2) de Juniville :

	1	2
Titre	19°	15° 1/2
Acide carbonique libre	0^l 0075	0^l 00625
Carbonate de magnésie	0^{gr} 0220	0^{gr} 0132
Chlorure de calcium	0 0342	0 0228
Azotate de chaux	0 0714	0 0462
Carbonate de chaux	0 0798	0 0824
Substances fixes pour 1 lit.	0^{gr} 2074	0 1646

— Deux moulins à eau, munis de deux paires de meules. Deux brasseries. Une filature de laine peignée, sur la Retourne, activée par un moteur hydraulique de 13 chevaux et une machine à vapeur de 18 chevaux.

Justine. (Novion-Porcien). — Pop. 305. — DD. 45 kil. — DA. 12 kil. — DC. 9 kil. — *Ecart* : le Moulin de la Tran-

chée. — Sup. 653 hect. : jardins, vergers, 28; terres lab.
510; prés, 94; bois, 2. — M3, M4, A3, Sa2, Gr2. — Justine est bâti dans la vallée de la Vaux, dont le fond est
occupé par des alluvions modernes (176 hect.). Les alluvions anciennes (64 hect.) bordent ces dernières, sur la
rive droite, depuis la limite ouest du territoire jusqu'à
l'extrémité nord de Justine; on en voit aussi un petit lambeau sur la hauteur au S.-E. Les marnes crayeuses affleurent sur tout le reste du territoire (413 hect.). — Les alluvions modernes sont argilo-sableuses à la surface. Dans
la berge de la rivière, 1 m. 50 d'argile sableuse reposant
sur des silex et graviers roulés de calcaire compacte. —
Les alluvions anciennes consistent en limon et en gravier.
Près de Justine, on a tiré d'une petite excavation du gravier calcaire et siliceux, recouvert par 0 m. 50 de sable
grossier verdâtre mêlé de grains calcaires et par un lit de
marne blanchâtre. — Les terres marneuses sont assez
fortes dans la partie nord du territoire; à drainer. Ces terres
sont propres à la culture du blé. — Exploitation de craie
marneuse grise et de gravier d'alluvion pour les chemins
vicinaux. — Sur le territoire six sources, dont deux servent de fontaines publiques, dans le village; sauf la *source
de Gringoire*, qui tarit quelquefois, elles sont assez régulières. Une soixantaine de puits, de 13 m. de profondeur
moyenne, ne tarissant jamais. — Deux moulins à farine
sur la Vaux, l'un à trois, l'autre à deux paires de meules.
Une brasserie avec machine à vapeur de 3 chevaux.

Juzancourt. (Asfeld). — Pop. 201. — DD. 62 kil. —
DA. 21 kil. — DC. 4 kil. — *Écart* : les Barres, ferme. —
Sup. 441 hect. : jardins, vergers, 11; terres lab. 356;
prés, 6; vignes, 8; bois, 47. — Cr2, Sa2, A3. — Le territoire de Juzancourt, peu étendu, repose tout entier sur le

versant droit de la vallée de l'Aisne, que recouvrent presque entièrement les alluvions anciennes (357 hect.); la craie ne se montre à fleur de sol qu'en quelques points (8 hect.); les alluvions modernes occupent 76 hect. dans la vallée. — Sol peu accidenté; nous citerons les cotes de 66 m. au nord du *Château d'en Haut*; 93 m. à l'ancien moulin à vent; 95 m. sur le ruisseau de Villers-devant-le-Thour, à 1 kil. de Juzancourt. — A 500 m. N. de Juzancourt, grande carrière où l'on remarque, sous une faible épaisseur d'argile rougeâtre, 4 à 5 m. de sable argileux calcaire sur la grève crayeuse. A peu de distance de là, deux briqueteries; l'argile rouge y acquiert 1 m. de puissance. Sur le chemin de grande communication de Gaumont à Villers, carrières de craie. — Dans la vallée de l'Aisne, terres fortes, compactes, noirâtres, propres à toutes les cultures. Les terres rouges conviennent surtout pour la culture de la betterave. Terroir excellent. — 40 puits, dont la profondeur moyenne est de 4 m., ne tarissant jamais. — Deux briqueteries. Un four à chaux.

Lalobbe. (Novion-Porcien). — Pop. 827. — DD. 35 kil. — DA. 21 kil. — DC. 10 kil. — *Ecarts* : Gauditout, la Besace, la Crotière, le Laid-Trou, Rogiville, la Sauge-aux-Bois, la Charnue, Landat, la Filature. — Sup. 996 hect. : jardins, vergers, 48; terres lab. 614; prés, 73; bois, 231. — MS3, MF3, AF3, Gl4, S2, S3, A3. — Le groupe oxfordien occupe la plus grande partie du territoire (684 hect.); il est recouvert par le gault (8 hect.) et la gaize (84 hect.), qui affleurent en liserés étroits et disparaissent sur les plateaux sous les alluvions anciennes (188 hect.). Il y a enfin un peu d'alluvion moderne (32 hect.) dans la vallée. — Dans le groupe oxfordien, les alternances de roche siliceuse plus ou moins friable, de calcaire marneux bleuâtre et de marne sont très-développées; les bancs les plus durs de calcaire marneux sont exploités pour l'empierrement des chemins et pour la construction. Au-dessus affleure l'oolithe ferrugineuse consistant en calcaire oolithique, calcaire marneux blanchâtre et marnes grises ou blanches, avec petits grains oolithiques ferrugineux. En plusieurs points, l'oolithe ferrugineuse est recouverte par une argile rougeâtre à minerai, qui remplit des espèces de poches très-sinueuses. Anciennes minières entre Gauditout et le Laid-Trou; on y trouve de nombreux fossiles. La marne est exploitée sous le nom de *castine* pour l'amendement des terres. Ce groupe donne lieu à des terres de nature variée, suivant la constitution du sous-sol : marnosiliceuses, marno-ferrugineuses, argilo-ferrugineuses. — — Les sables verts, qui se trouvent au-dessous du gault, contiennent des nodules de phosphate de chaux. — La gaize est à texture compacte, plus ou moins friable, parfois argileuse; aussi il n'est pas étonnant qu'elle donne des terres fortes. Les alluvions anciennes sont de nature variée; elles consistent généralement en limon à argile jaune bigarrée de gris. Sur le plateau de Gauditout, nombreux fragments de gaize dans les terres limoneuses. Sur une petite éminence située tout près de Gauditout, au S.-E., cailloux noirs siliceux dans une terre glaiseuse provenant du remaniement du gault. Sur le plateau de Landat, terre rougeâtre argilo-sableuse avec silex noirs et fragments gaizeux. Près de Rogiville, carrière dans laquelle on exploite une marne argileuse remaniée, imprégnée d'infiltrations calcaires, à laquelle est superposée une glaise gris-verdâtre de 0 m. 50 à 1 m. d'épaisseur, recouverte elle-même par 2 m. 50 de limon; au-dessous de la marne on a trouvé des nodules de phosphate de chaux, puis la gaize. Les terres des alluvions anciennes manquent de calcaire; aussi on les marne utilement avec l'oolithe ferrugineuse. — Territoire accidenté. Altit. princip. : 117 m. dans la vallée, en aval de Lalobbe; 157 m. près de Landat; 185 m. au sud de Rogiville; 189 m. sur la hauteur au N.-O. de Lalobbe. — Le village est situé sur les bords de la Vaux; les hameaux sont à proximité de ruisseaux ou de sources assez abondantes. Une soixantaine de puits de 8 à 10 m. de profondeur, dont quelques-uns seulement tarissent dans les années de grande sécheresse. — Deux moulins à farine à deux paires de meules sur la Vaux. Fonderie de suif. Filature de laine peignée, activée par une turbine de 40 chevaux et une machine à vapeur de 30 chevaux.

Logny. (Chaumont-Porcien). — Pop. 133. — DD. 45 kil. — DA. 21 kil. — DC. 3 kil. — Sup. 256 hect. : jardins, vergers, 14; terres lab. 200; prés, 28; bois, 4; terres vagues, 3. — M3, M4, A3. — Territoire peu étendu, constitué par la craie marneuse (138 hect.), le limon sur les plateaux (96 hect.), et un peu d'alluvion dans la vallée (22 hect.). — La craie marneuse contient des silex; on en voit aussi dans le limon. — Le village est situé sur un petit ruisseau; il est en outre alimenté par quatre puits, dont la profondeur moyenne est de 15 m., qui tarissent quelquefois. Sur le territoire, 5 sources, qui manquent rarement d'eau.

Mainbresson. (Chaumont-Porcien). — Pop. 197. — DD. 43 kil. — DA. 30 kil. — DC. 10 kil. — *Écart* : le Moulin. — Sup. 294 hect. : jardins, vergers, 54; terres lab. 130; prés, 88; bois, 11. — M3, M4, VM3, Sa2. — Le territoire de Mainbresson s'étend sur le versant gauche de la vallée de la Serre, et, sauf une faible étendue d'alluvions dans le fond de la vallée (32 hect.), il est constitué par les marnes crayeuses, qui se subdivisent en sables glauconieux (120 hect.) et craie marneuse (142 hect.). — On voit d'abord à la base de ce groupe, notamment dans le village, du sable argileux, glauconieux, privé de calcaire, puis, à mesure qu'on s'élève, des marnes très-glauconieuses, des marnes moins riches en glauconie, des marnes grises ou bleuâtres. Quand on creuse des puits dans le bas du village, on traverse ce sable glauconieux sur une épaisseur d'au moins 8 m., puis 2 m. d'une marne sableuse bleuâtre, au-dessous de laquelle se trouve une roche bleuâtre dure, de même composition que la gaize (elle abandonne 35,10 0/0 de silice gélatineuse à une solution de potasse). Composition d'un échantillon de marne grise pris entre Mainbresson et Mainbressy :

Eau hygrométrique	2	»
Eau combinée et matières organiques	3	30
Sable et argile	34	85
Silice soluble dans la potasse	5	20
Alumine	2	60
Oxyde de fer	2	80
Carbonate de chaux	49	05
Carbonate de magnésie	»	20
	100	»

— Le terrain d'alluvion est sablo-argileux, bleuâtre, privé de carbonate de chaux; à marner. — Sur la marne grise, il y a quelques indices d'argile sableuse, qui paraît provenir des éboulements du limon recouvrant le plateau entre Mainbresson et Mainbressy. Silex à la surface des terres vertes ou grises marneuses. — La commune est bien pourvue d'eau. Un petit ruisseau, provenant de sources situées sur son territoire, traverse le village pour se jeter dans la Serre. Elle possède une vingtaine de puits, dont la profondeur moyenne est de 8 m. et qui ne tarissent pas. Les sources tarissent rarement; quelques-unes d'entre elles servent à arroser les prés. — Un moulin à deux paires de meules, sur la Serre.

Mainbressy. (Chaumont-Porcien). — Pop. 576. — DD. 41 kil. — DA. 29 kil. — DC. 8 kil. — *Ecarts*: Ribeauville, le Beau-Séjour, hameaux; le Moulin, le Moulin-Neuf, la Briqueterie, le Fief-d'Arloy. — Sup. 1,026 hect. : jardins, vergers, 35; terres labourables, 725; prés, 144; bois, 90. — M3, M4, VM3, A3, A4. — Le limon masque sur une grande étendue (706 hect.) les formations anciennes; la marne crayeuse grise ou bleuâtre, à laquelle il est superposé, se montre à jour sur les pentes (180 hect.); plus bas affleurent les marnes et sables glauconieux, semblables à ceux de Chaumont (130 hect.). Il y a enfin un peu d'alluvion sablo-argileuse dans la vallée de la Serre (10 hect.). — On voit la craie marneuse avec silex en plusieurs points, notamment dans les ravins au nord et à l'ouest de Mainbressy. On trouve aussi les silex dans une terre argileuse rougeâtre, qui pénètre dans les anfractuosités et les crevasses de la marne; on les emploie pour l'empierrement des chemins. La marne compacte est exploitée pour l'amendement des terres, la marne grasse grise ou blanchâtre pour la fabrication des carreaux. — C'est surtout à Ribeauville qu'on observe le mieux les sables glauconieux; on trouve au-dessous, comme à Mainbresson, en creusant des puits, une marne sableuse bleuâtre avec lits de grès grisâtre dur, privé de calcaire et contenant 32 0/0 de silice gélatineuse; d'après cette composition, ce grès correspondrait à la gaize. — Le limon consiste en une argile sableuse rougeâtre avec silex; il a généralement 2 à 3 m. d'épaisseur, parfois davantage. On l'utilise pour la fabrication des briques. — Le village est alimenté par 70 puits, dont la profondeur varie de 15 à 20 m. Quelques-uns tarissent dans les années sèches. Les sources sont au nombre de 16; 2 jaillissent dans le bas du village et forment le petit ruisseau du Radeau. Ces sources sont en général peu considérables et ne tarissent que rarement; on les utilise pour les irrigations. — Un moulin sur la Serre, à Ribeauville, muni de deux paires de meules. Deux briqueteries. Une brasserie.

Le Ménil-Annelles. (Juniville). — Pop. 315. — DD. 49 kil. — DA. 10 kil. — DC. 7 kil. — Sup. 915 hect. : jardins, vergers, 4; terres lab. 853; bois, 39; terres vagues, 2. — Cr2, A3. — Le territoire du Ménil-Annelles est sur un plateau faiblement accidenté. Près du village, à l'ouest, cote de 138 m.; à l'extrémité sud du territoire, 153 m.; l'altitude la plus élevée est celle de 164 m., sur le monticule au nord. — On ne trouve partout que de la craie, qui affleure sur une étendue de 711 hect., et des lambeaux de limon argilo-sableux (204 hect.). A l'ouest du village, dans une tranchée, sable argileux mêlé de grève, de 2 à 3 m. de puissance, recouvert par 0 m. 50 d'argile sableuse rougeâtre. — Cette commune est mal partagée sous le rapport des eaux. Il n'existe sur son territoire ni source ni cours d'eau; elle n'est alimentée que par des puits, au nombre de 75, dont la profondeur moyenne atteint 23 m., et qui tarissent dans les années très-sèches.

Le Ménil-Lépinois. (Juniville). — Pop. 184. — DD. 58 kil. — DA. 17 kil. — DC. 8 kil. — Sup. 1,785 hect. : jardins, vergers, 4; terres lab. 1,129; bois, 632; terres vagues, 1. — Cr1, Cr2, gc1, Sa2. — La craie affleure sur la plus grande partie du territoire (1,685 hect.); grève

crayeuse en différents points, notamment près du village
et sur le vaste plateau qui s'étend à l'est. Nombreuses
plantations de sapins sur ce plateau. — Le limon, argilo-
sableux jaunâtre ou sablo-argileux grisâtre, a peu d'importance (100 hect.); on l'observe surtout près du village et
à l'extrémité N.-E. du territoire. Cette commune est, avec
celle de St-Remy-le-Petit, la plus pauvre de l'arrondissement sous le rapport de la valeur du sol. — Altit. princip.:
115 m. près du village; 157 m. à 1,800 m. N.-O. — Pas
de sources. Mares communales. Citernes. Une cinquantaine de puits, dont la profondeur moyenne est de 27 m.,
et dans lesquels l'eau s'élève généralement à 6 m.; ils
tarissent rarement.

Mesmont. (Novion-Porcien). — Pop. 301. — DD. 41
kil. — DA. 14 kil. — DC. 3 kil. — *Ecarts* : Mont-Saint-
Martin, hameau ; la Briqueterie, le Château. — Sup. 1,132
hect. : jardins, vergers, 14; terres lab. 969; prés, 77;
vignes, 1; bois, 44. — A3, A4, C2, Gl4, M4. — Mesmont
est situé dans une vallée assez encaissée, dont les parois
sont formées par les calcaires coralliens; on trouve aussi
ces calcaires dans la vallée où coule le ruisseau de Wagnon, à la limite orientale du territoire; l'étendue totale
de leurs affleurements est de 184 hect. Carrières dans les
calcaires blancs à *nérinées* à l'extrémité nord; on observe
également les nérinées sur une forte pente qui descend à
l'église. Terres généralement légères, pierreuses. — Dans
la partie septentrionale du territoire, il y a une faible
étendue de terrain oxfordien (13 hect.), prolongement des
affleurements de Grandchamp. Au nord de Mont-Saint-
Martin, roche siliceuse. — A mi-côte, les calcaires coralliens sont recouverts par l'argile du gault, verdâtre, noirâtre ou gris-foncé, qui s'étale sur une assez large surface

dans le nord (204 hect.). Cette argile est fréquemment remaniée sur place et donne une glaise bigarrée de rouge et de gris ; parfois elle s'éboule sur le groupe corallien, qui affleure plus bas, et forme des terres argileuses mélangées de fragments de calcaire et de nodules phosphatés. Terres fortes, privées de calcaire ; à drainer et à marner. — Dans la partie sud-ouest du territoire s'étend la craie marneuse (168 hect.), consistant en craie argileuse blanchâtre ou grisâtre, en marne glauconieuse gris-bleuâtre, plus souvent en marne grasse. La marne glauconieuse se remarque par exemple au-dessus du château à l'ouest, ou bien à moitié chemin entre Mesmont et Novion, sous le limon ; elle contient de petits nodules. Terres généralement fortes, difficiles à cultiver, surtout dans l'ancien bois de Mesmont, actuellement défriché, que l'on appelle *Bois des fortes terres*. — Les alluvions anciennes recouvrent les plateaux, où elles sont superposées à l'argile du gault ou à la marne crayeuse, qui constituent des sous-sols imperméables ; c'est la formation la plus développée dans la commune de Mesmont (523 hect.). Elles consistent généralement en un limon rouge ou jaunâtre, facile à cultiver et d'un bon rapport. Presque toujours, le gault qui se trouve au-dessous est remanié. Enfin, au sud, il y a un peu d'alluvion argileuse dans le fond de la vallée (40 hect.). — La commune est traversée par un ruisseau qui donne peu d'eau en été, mais ne tarit jamais, et dont le titre hydrotimétrique est de 18° ; il y a en outre deux sources assez régulières, connue sous les noms de *Fontaine des Prêtres* et *Fontaine du Moulin*. Le nombre total des sources du territoire est de dix ; elles sourdent toutes à la surface du gault et ne manquent jamais d'eau, sauf trois ou quatre. La profondeur des puits est de 6 à 10 m. ; ils ne tarissent pas ; l'eau du puits du moulin titre 24° à l'hydrotimètre. —

Un moulin à deux paires de meules, activé par le ruisseau de Mesmont et une machine à vapeur de 6 chevaux.

Mont-Laurent. (Rethel). — Pop. 238. — DD. 42 kil. — DA. 12 kil. — Sup. 683 hect. : jardins, vergers, 15; terres lab. 621; prés, 22; bois, 6; terres vagues, 5. — M3, M4, Cr2, A3, A4. — La composition du sol est simple. Dans la partie N.-E. du territoire, craie marneuse (340 hect.) avec silex et pyrites. Voici quel est le résultat de l'analyse d'un échantillon pris à peu près à moitié chemin entre Mont-Laurent et Seuil :

Eau hygrométrique	3	»
Eau combinée et matières organiques	3	50
Sable et argile	35	40
Silice soluble dans la potasse	4	90
Alumine	1	20
Oxyde de fer	1	65
Carbonate de chaux	50	20
Carbonate de magnésie	0	15
	100	»

Sur la craie marneuse, les terres sont généralement fortes, propres à la culture du blé; il serait avantageux de les drainer en plusieurs points. Au S.-O., craie blanche (292 hect.) avec terres légères, sèches. Quelques lambeaux de limon argilo-sableux (44 hect.) sur les hauteurs. Un peu d'alluvion moderne dans une petite vallée à l'est (7 hect.). — Cinq sources prennent naissance sur le territoire. La plus abondante est celle *du Vivier*, qui forme un petit ruisseau; celle de *St-Laurent* sourd au N.-E. du village, dont elle alimente une partie. 25 puits de 15 à 18 m. de profondeur; quelques-uns tarissent dans les années sèches. Citernes.

Montmeillan. (Chaumont-Porcien). — Pop. 403. — DD. 36 kil. — DA. 22 kil. — DC. 10 kil. — *Ecarts :* les

Fermes du Bois de Château, Memphis, le Château-Caron, les Fermes. — Sup. 706 hect. : jardins, vergers, 16; terres lab. 288; prés, 50; bois, 241; terres vagues, 2. — MS3, MS4, S2, S3, M4, SA3, A3. — Le village est situé dans une vallée encaissée, creusée dans le terrain oxfordien (416 hect.). Les pentes sont rapides, formées par des alternances de calcaire bleu et de roche siliceuse; au-dessous, on trouve la marne grasse bleu foncé avec lits intercalés de calcaire bleu, notamment sous l'église de Montmeillan. — Composition d'une terre reposant sur la roche siliceuse, au sud du village :

Eau hygrométrique	3	»
Eau combinée et matières organiques	3	90
Sable et argile	74	60
Silice soluble dans la potasse	17	40
Alumine	1	05
Oxyde de fer	1	80
Carbonate de chaux	1	»
	99	75

A la lévigation, on trouve :

Sable fin	29	50
Matières ténues	70	50
	100	»

— La gaize crétacée repose sur le groupe oxfordien et affleure dans la région ouest (112 hect.); on l'appelle dans le pays *pierre sotte,* tandis qu'on donne le nom de *gaize* à la roche siliceuse oxfordienne. Il n'est pas toujours facile de distinguer l'une de l'autre ces deux roches, qui ont tant de caractères communs, d'autant plus qu'elles sont presque superposées. — Le limon argilo-sableux forme un lambeau étendu sur le plateau, dans l'ancien Bois de Château, actuellement défriché, et un petit îlot à l'ouest de Memphis (164 hect.). — Entre la gaize et le limon, on voit des affleurements étroits de sables verts supérieurs et de marne grise ou glauconieuse, exploitée comme amendement. Près de Memphis, nodules phosphatés dans une glaise argileuse assez compacte, de couleur gris taché de jaune, non calcaire. — Le ruisseau qui traverse la commune tarit dans les sécheresses; il en est de même de la plupart des puits, qui sont au nombre de 25, creusés dans l'étage oxfordien, et dont la profondeur moyenne est de 6 mètres. L'eau de ces puits est médiocre; elle titre 45°. On connaît sur le territoire plusieurs sources; on pourrait en amener dans le village.

Nanteuil. (Rethel). — Pop. 232. — DD. 46 kil. — DA. 6 kil. — *Ecart* : l'Ecluse. — Sup. 792 hect. : jardins, vergers, 9; terres lab. 709; prés, 37; vignes, 1; bois, 12; terres vagues, 9. — M3, Cr2, AC2, AC3, Sa3, A3. — Le territoire de Nanteuil s'étend sur le versant gauche de l'Aisne; l'altitude la plus faible est celle de 72 m. dans la vallée, entre Nanteuil et Barby; la plus élevée est de 144 m., sur la hauteur, vers l'extrémité méridionale du territoire. — La craie marneuse (362 hect.), la craie blanche (116 hect.), les alluvions anciennes (240 hect.) et les alluvions de l'Aisne (74 hect.) se partagent le sol de cette commune. — Composition de deux échantillons, l'un (1) de craie marneuse gris-blanchâtre, l'autre (2) de craie feuilletée, recueillis au S.-E. de Nanteuil, près de la limite de la formation :

	1	2
Eau	1 20	0 60
Argile et sable	5 90	5 »
Oxyde de fer	» 95	» 80
Carbonate de chaux } Carbonate de magnésie }	91 95	93 60
	100 »	100 »

— Sur la craie et sur la marne, il y a quelques poches de grève crayeuse; au sud de Nanteuil, carrière où on l'exploite sur une épaisseur de plus de 5 m. — Les alluvions anciennes consistent généralement en limon sablo-argileux jaunâtre, calcaire, recouvert par l'argile sableuse rouge privée de calcaire; on trouve quelquefois à sa base de la grève crayeuse, notamment près de *la Croix l'Ermite*. Au-dessous du sable argileux jaune, on voit aussi, en quelques points, une argile rouge, compacte, fendillée, différente de celle qui le recouvre. Entre Nanteuil et Acy se trouvent des terres grises argilo-calcaires, à fragments crayeux, faciles à cultiver, qui masquent la séparation entre la craie blanche et la craie marneuse. — Les alluvions de l'Aisne consistent en un sable argilo-calcaire reposant sur la craie. Voici quelle est la composition d'un échantillon pris près du village :

Gravier	2 50
Sable fin	15 »
Matières ténues	82 50
	100 »

Eau hygrométrique	5 »
Eau combinée et matières organiques	5 50
Sable et argile	46 65
Silice soluble dans la potasse	4 65
Alumine	2 05
Oxyde de fer	2 80
Carbonate de chaux	33 10
Carbonate de magnésie	» 25
	100 »

— Les meilleures terres sont les terres marneuses; les terres limoneuses sont de moins bonne qualité, et le blé n'y réussit pas toujours. — Aucune source. Une quarantaine de puits, dont la profondeur moyenne est de 14 m.; quelques-uns tarissent dans les années sèches, lorsque le canal est à sec.

Neuflize. (Juniville). — Pop. 863. — DD. 54 kil. —
DA. 13 kil. — DC. 6 kil. — Sup. 1,378 hect. : jardins,
vergers, 7; terres lab. 1,077; prés, 11; bois, 261; terres
vagues, 1. — Cr2, gc1, A3, Sa2, M4, T5. — Le territoire,
faiblement ondulé, s'étend sur les deux rives de la Retourne. Il est constitué par la craie blanche (882 hect.),
les alluvions anciennes (432 hect.) et les alluvions modernes (64 hect.). — La craie présente çà et là des poches
de grève, surtout sur la rive gauche de la Retourne, à peu
de distance de cette rivière. Les alluvions anciennes sont
très-développées sur ce même versant; elles sont argilo-
sableuses ou sablo-argileuses, fréquemment gréveuses à la
partie inférieure. Les alluvions modernes de la Retourne
sont assez marécageuses, marneuses ou tourbeuses. —
Exploitations de sable argileux gris-jaunâtre et de grève
pour la construction. — Il y a dans le village 80 puits,
d'une profondeur moyenne de 4 m., qui ne tarissent généralement pas. — La Retourne, à Neuflize, titre 16° 1/2 à
l'hydrotimètre. — Un atelier de filature et de tissage mécanique de laine peignée, activé par 2 machines à vapeur
de 60 chevaux. Deux moulins sur la Retourne, munis chacun de deux paires de meules; l'un de ces moulins moud
des nodules de phosphate de chaux. Une brasserie.

La Neuville-en-Tourne-à-Fuy. (Juniville). —
Pop. 837. — DD. 61 kil. — DA. 20 kil. — DC. 6 kil. —
Ecart : le Moulin-à-Vent. — Sup. 2,734 hect. : jardins,
vergers, 7; terres lab. 2,258; bois, 438. — Cr1, Cr2, gc1,
A2, A3, Sa2. — Le territoire de cette commune forme un
plateau assez accidenté entre les vallées de la Retourne et
de la Suippe. Les cotes y varient peu; ainsi on trouve :
136 m. près du village; 149 m. à 2 kil. N., sur le chemin
de Juniville; 161 m. à 2,200 m. S.-E., sur le chemin de

Saint-Etienne-à-Arne; l'altitude la plus faible est celle de 113 m. entre La Neuville et Aussoncé. — Le sol est entièrement composé de craie (2,546 hect.) avec quelques poches de grève crayeuse et des lambeaux de limon sableux ou argilo-sableux (188 hect.). — On peut distinguer, comme sur tout le plateau crayeux, quatre espèces de terres : blanches crayeuses, grises, rouges et gréveuses; les premières sont généralement les plus estimées, les dernières les moins bonnes. — Cette commune est une des moins bien partagées de l'arrondissement sous le rapport des eaux. On n'y trouve ni source ni cours d'eau; aussi on ne peut se procurer l'eau nécessaire aux usages domestiques qu'à l'aide de puits et de citernes; ces premiers, au nombre d'une centaine, ont une profondeur moyenne de 30 m. et ne tarissent que très-rarement. Il y a aussi plusieurs mares, alimentées par les eaux pluviales, pour abreuver les bestiaux, comme dans presque toutes les communes champenoises. — Par suite de l'absence d'eau courante, il n'y a pas de prairies naturelles; on y supplée par la culture des fourrages artificiels et principalement du sainfoin. — Une briqueterie, dans laquelle on fabrique des briques avec l'argile sableuse d'un petit îlot limoneux situé à l'extrémité N.-E du territoire. Un moulin à vent, muni de deux paires de meules. Tissage de la laine.

Neuville-les-Wasigny. (Novion-Porcien). — Pop. 731. — DD. 38 kil. — DA. 19 kil. — DC. 7 kil. — *Ecarts* : la Ficelle, la Carrière, la Briqueterie. — Sup. 521 hect. : jardins, vergers, 23; terres lab. 403; prés, 41; bois, 30; terres vagues, 2; cult. div., 1. — MF3, AF3, M4, C2, V3, S3, A3, A4. — Le village est bâti sur la rive droite de la rivière de Vaux. Les flancs de cette vallée, ainsi que ceux d'un petit vallon secondaire au nord, sont constitués par les roches oxfordiennes (185 hect.) qui consistent en cal-

caire ferrugineux, ou *castine*, plus ou moins friable, roche
siliceuse, calcaire marneux et marne noirâtre ou grisâtre.
Voici quelle est la composition de cette marne :

Eau hygrométrique	3 80
Eau combinée et matières organiques	4 20
Sable et argile	25 30
Silice soluble dans la potasse	6 30
Alumine	2 40
Oxyde de fer	2 20
Carbonate de chaux	55 70
Carbonate de magnésie	» 10
	100 »

La roche siliceuse est surtout développée du côté de la
ferme de Landat. Près du Mont-Prosper, carrière dans
laquelle on exploite le calcaire bleu dur alternant avec la
roche siliceuse et avec des lits de marne grisâtre ou même
noir-foncé; au-dessus se trouve la castine. La partie supérieure de cette formation est généralement recouverte
par des terres rouges argileuses ou argilo-calcaires, la
partie inférieure par des terres marneuses. — Entre Neuville et Wasigny, affleurement de calcaires coralliens
(52 hect.), qui, dans cette région, se réduisent à une faible
puissance; ils sont recouverts de dépôts meubles sur les
pentes. — Les sables verts et l'argile du gault forment
tout autour des côtes, sur la rive droite de la Vaux, un
liseré étroit au-dessus du terrain oxfordien (36 hect.); on
y trouve de petits nodules phosphatés. Terres généralement sableuses. — Puis vient la gaize crétacée (52 hect.),
assez argileuse, à texture compacte, mais très-friable;
voici quelle est la composition d'une terre sans consistance,
provenant de la désagrégation de cette roche :

Gros sable	4 50
Sable fin	30 »
Matières ténues	68 50
	100 »

Perte par calcination.....................................	8 »
Argile et sable { Silice................................	70 08
{ Alumine.............................	8 42
Silice soluble dans la potasse........................	6 60
Alumine..	2 40
Oxyde de fer..	3 90
Chaux..	» 30
Magnésie..	traces
	99 70

— Les alluvions anciennes s'étendent sur les plateaux (176 hect.); elles consistent généralement en limon, dont l'épaisseur dépasse souvent 3 m. On y trouve aussi des terres compactes avec débris de gaize, des terres rougeâtres argilo-sableuses avec silex noirs et fragments gaizeux, etc. On marne les terres limoneuses avec la castine friable. — Un peu d'alluvion moderne dans la vallée de la Vaux (20 hect.). — Le village est bien pourvu d'eau, car il possède un cours d'eau important, quelques petites sources et 80 puits, d'une profondeur moyenne de 5 m., qui ne tarissent pas. — Filature de laine peignée, la plus importante du département, comprenant 26,000 broches, activée par deux turbines de 105 chevaux et une machine à vapeur de 60 chevaux. Une briqueterie. Un four à chaux.

Neuvizy. (Novion-Porcien). — Pop. 216. — DD. 22 kil. — DA. 19 kil. — DC. 9 kil. — *Écarts* : Bélair, la Crête Oudet, la Maison-Rouge. — Sup. 886 hect. : jardins, vergers, 21; terres lab. 485; prés, 54; bois, 296. — AF3, MF3, MS3, M3, M4, C2, C3, V2, V3, Gl4, A3, A4. — Le sol de cette commune se répartit entre les formations suivantes : terrain oxfordien (614 hect.); calcaires coralliens (56 hect.); sables verts et argile du gault (116 hect.); alluvions anciennes (100 hect.). — Le terrain oxfordien, très-

développé, constitue presque toute la partie septentrionale. Dans deux grandes carrières, situées près de la
grande route, au-dessous de la Crête, on voit 8 à 10 m. de
roche siliceuse, en bancs d'épaisseur et de dureté variables,
avec des lentilles de calcaire siliceux bleuâtre, très-dur et
très-serré, et des nids de silice pulvérulente, alignés pa-
rallèlement aux plans de stratification; nombreux fossiles;
à la partie supérieure, alternances de cordons de roche
siliceuse et de glaise grise. En montant la côte, on rencontre toujours les mêmes bancs siliceux, durs ou tendres,
puis des marnes et calcaires gris, et enfin l'oolithe ferrugineuse. On peut compter 20 m. de roche siliceuse. — En
face de la gare, marne argileuse grasse, gris-foncé ou gris-
bleuâtre, au-dessous de la roche siliceuse. Près de la ferme
de Bélair, marne blanche de la partie supérieure du
groupe oxfordien présentant la composition suivante :

Eau hygrométrique	5 »
Eau combinée et matières organiques	5 60
Sable et argile	34 60
Silice soluble dans la potasse	5 80
Alumine	2 10
Oxyde de fer	2 50
Carbonate de chaux	44 25
Carbonate de magnésie	» 15
	100 »

— L'oolithe ferrugineuse est exploitée pour le haut-
fourneau de Signy-le-Petit; elle consiste en bancs minces
de calcaire friable avec oolithes ferrugineuses disséminées
dans la masse, et en une argile ocreuse pétrie de grains
jaune-brun d'oxyde de fer, de la grosseur du millet, et de
nombreuses espèces de fossiles silicifiés. L'épaisseur de la
couche qu'on enlève est de 1 à 2 m.; on lave le minerai
brut dans un lavoir établi sur un petit ruisseau. — Les
calcaires coralliens affleurent sur les versants de deux

petits vallons, dans la partie méridionale du territoire; on y trouve beaucoup de fossiles. — Les sables verts et l'argile du gault forment des lambeaux discontinus, qui reposent en stratification discordante sur le terrain oxfordien et les calcaires coralliens. Les nodules de chaux phosphatée qu'ils contiennent sont exploités. Les sables sont parfois à gros grains, notamment sur la route nationale, où on les exploite pour la construction. — Les alluvions anciennes, qui recouvrent le gault sur les plateaux, dans la partie méridionale du territoire, proviennent du remaniement sur place de la roche sous-jacente; elles consistent en une argile sableuse, à pâte très-fine. — Le groupe oxfordien est recouvert par des terres généralement marneuses, ou argilo-ferrugineuses; le groupe corallien, par des terres légères, calcaires, pierreuses; les sables verts, par des terres sableuses, privées de calcaire; le gault, par des terres fortes, imperméables, de même que la plupart des alluvions anciennes. Le drainage et le chaulage amélioreraient beaucoup ces dernières terres. — Le village est bien alimenté, car il possède un cours d'eau, 3 sources, 21 puits et 3 citernes. Il y a en outre, sur le territoire, 5 autres sources, qui servent aux irrigations. Les puits ont une profondeur moyenne de 7 m.; ils tarissent quelquefois. — Quatre lavoirs à minerai de fer, dont un seul est en activité.

Novion-Porcien. (Chef-lieu de canton). — Pop. 1,044. — DD. 31 kil. — DA. 11 kil. — *Ecarts* : Provizy, section; la Bourinerie, hameau; la Gravelette, l'Epine, Carin. — Sup. 1,721 hect. : jardins, vergers, 66; terres lab. 1,355; prés, 206; bois, 31; terres vagues, 8. — A3, A4, M3, M4, Gl4, C2, C3, Gr2. — Le territoire est assez accidenté. Altit. princip. : 86 m. au moulin de

Cheupré; 102 m. dans la vallée, à 1 kil. en amont du
bourg; 121 m. près du bourg, sur le chemin de la Malmaison; 160 m. sur la hauteur au S. de la Bourinerie;
177 m. à la limite septentrionale, vis-à-vis Mahéru (Vieil-
St-Remy). — Les calcaires coralliens (232 hect.), le gault
(324 hect.), la marne crayeuse (172 hect.), les alluvions
anciennes (172 hect.) et les alluvions modernes (232 hect.)
se partagent le sol de cette commune. — Tous les ravins
de la partie septentrionale du territoire sont creusés dans
le calcaire corallien. Ces calcaires sont oolithiques, durs,
compactes ou friables; ils sont recouverts par des terres
sèches, pierreuses. Cinq carrières produisant des pierres
de taille, des moellons piqués et des matériaux d'empierrement; la pierre de taille se vend 13 fr. 50 le m. cube;
elle est gélive. — Dans l'étage du gault, on exploite les nodules de chaux phosphatée. Composition d'un échantillon
provenant d'une carrière près du village :

Eau et matières organiques	3 60
Acide carbonique	7 75
Sable et argile	41 50
Oxyde de fer	2 60
Chaux	26 85
Acide phosphorique	17 70
	100 »
Phosphate tricalcique correspondant	38 62

Par suite du manque d'eau, ces nodules sont simplement *fanés*, c'est-à-dire nettoyés par plusieurs passages à
la claie, effectués chacun après une exposition à l'air;
aussi ils retiennent du sable et ne donnent pas de farines
aussi riches en acide phosphorique que les nodules lavés.
Les terres de cet étage sont le plus souvent glaiseuses et
humides, rarement sableuses; à drainer et à chauler. —
La marne crayeuse est glauconieuse vers la base de la for-

mation, notamment entre Novion et Mesmont; elle donne des terres assez fortes, de bonne qualité quand elles ne sont pas trop humides. — Les alluvions anciennes, qui recouvrent les plateaux, consistent en une argile bigarrée provenant du remaniement sur place de l'argile du gault et en limon jaunâtre ou rougeâtre avec gravier. Ce gravier se compose de galets de calcaire, de gaize, de roche siliceuse oxfordienne, de nodules phosphatés, etc.; on l'observe surtout près de Provizy, où il forme une couche de 0 m. 80 sur la marne. Il affleure quelquefois et donne de mauvaises terres; mais quand il est recouvert par 1 m. à 1 m. 50 de limon, la terre végétale est de bonne qualité; elle se trouve ainsi drainée naturellement. On voit aussi ce même gravier empâté dans un terrain remanié, formé par une argile grise ou rougeâtre et de la marne, notamment à l'ouest de Provizy. — Composition de deux terres: la première, terre pierreuse sur le calcaire corallien, près du ruisseau du Puits; la seconde, terre limoneuse d'excellente qualité sur la route de Rethel :

	1	2
Eau et matières organiques	6 50	6 »
Sable et argile { Silice	63 45	77 10
Sable et argile { Alumine	7 20	4 30
Argile décomposée par l'acide { Silice	5 80	5 80
chlorhydrique { Alumine	2 05	1 60
Oxyde de fer	3 40	3 10
Carbonate de chaux	11 60	1 50
Carbonate de magnésie	traces	» 60
	100 »	100 »

— Le bourg est traversé par le ruisseau du Plumion; il possède en outre deux fontaines, dites *de Naguet* et *du Chénois*, et 175 puits, d'une profondeur moyenne de 11 m., dont quelques-uns tarissent en automne. Voici, d'après

M. Cailletet, quelle est la composition de l'eau d'une fontaine (1) et d'un puits (2) :

	1	2
Titre..........	24°	37° 1/2
Acide carbonique libre..........	0^l 01625	0^l 0175
Carbonate de magnésie..........	0^{gr} 0176	»
Chlorure de magnesium..........	»	0^{gr} 0765
Chlorure de calcium..........	0 0342	0 1539
Sulfate de chaux..........	0 0280	0 0700
Azotate de chaux..........	0 0168	»
Carbonate de chaux..........	0 1313	0 0721
Substances fixes pour 1 litre......	0^{gr} 2279	0^{gr} 3725

Sur le territoire, six autres sources, assez régulières, intarissables, dont les plus importantes sont celles de la Bourinerie et du ruisseau du Puits; cette dernière pourrait être amenée sur la place. — Une papeterie peu importante. Une briqueterie. Un four à chaux. Deux moulins à eau, à deux paires de meules, pour la pulvérisation des nodules phosphatés. Un moulin à vent.

Novy. (Rethel). — Pop. 780. — DD. 33 kil. — DA. 7 kil. — *Ecarts* : Chevrières, section, autrefois commune distincte; Corny-la-Cour, St-Martin. — Sup. 1,720 hect. : jardins, vergers, 66; terres lab. 1,161; prés, 398; bois, 51; terres vagues, 1. — M3, M4, A3, A4, T5. — Sol faiblement ondulé; altitudes de 84 m. dans la vallée de la Dyonne, angle N.-O. du territoire; 89 m. dans le bas-fond au sud de Chevrières; 107 m. sur le monticule à l'est de Novy. — Le sol est d'une constitution simple, car on ne trouve dans cette commune que la marne crayeuse (792 hect.), le limon (576 hect.) et les alluvions modernes (352 hect.). — La marne donne de bonnes terres à blé, quelquefois cependant trop humides. Ces terres doivent être labourées en temps opportun, c'est-à-dire autant que possible après une pluie suivie d'un temps sec qui effrite le sol. — Le limon, qui recouvre les plateaux, vaut encore mieux que les terres marneuses, car il convient généralement à toute espèce de culture. On observe parfois à sa base des fragments crayeux et des silex noirs, notamment dans une tranchée au sud de Chevrières. — Les alluvions de la Dyonne sont humides, argileuses ou tourbeuses; on y a recherché la tourbe, mais sans succès. — Quelques sources, qui tarissent à la moindre sécheresse. 120 puits, dont la profondeur varie de 15 à 20 m.; la plupart tarissent dans les années sèches. — Machine à vapeur de 2 chevaux dans une exploitation agricole à Chevrières.

Pargny. (Rethel.) — Pop. 284. — DD. 39 kil. — DA. 3 kil. — *Ecart* : Resson, section, autrefois commune distincte. — Sup. 636 hect. : jardins, vergers, 18; terres lab. 515; prés, 79; vignes, 1; bois, 4. — A3, M3. — Le territoire, situé sur la rive droite de l'Aisne, comprend des marnes crayeuses (312 hect.), du limon (132 hect.) et des alluvions modernes (192 hect.). Les terres y sont de bonne qualité; les terres marneuses sont propres surtout à la culture du blé; les terres limoneuses conviennent à toute espèce de culture. — Dans une tranchée près de Resson, on voit le sable argileux calcaire gris-jaunâtre du limon, reposant sur la marne, avec une épaisseur de 6 m.; un peu plus loin, il est surmonté par 2 m. 50 de limon rouge argileux, non calcaire, avec un petit lit intercalé de fragments de craie. Voici la composition de ces deux limons :

	Inf.	Sup.
Eau hygrométrique	3 50	2 60
Eau combinée et matières organiques	2 50	3 70
Sable et argile	64 »	77 70
Silice soluble dans la potasse	7 15	9 40
Alumine	3 »	3 85
Oxyde de fer	2 85	2 25
Carbonate de chaux	16 90	» 50
Carbonate de magnésie	» 10	traces
	100 »	100 »

— En quelques points, il y a de la grève crayeuse à la base du sable argileux, notamment au nord de Pargny. — Dans la vallée, en face Pargny, terre argileuse noire sur le gravier. — Le ruisseau de Saulces-aux-Bois, affluent de l'Aisne, passe à peu de distance au sud des villages. Cinq sources, de faible débit, dont l'une tarit complètement chaque été. Une trentaine de puits, de 10 m. de profondeur moyenne; quelques-uns tarissent seulement dans les grandes sécheresses.

Perthes. (Juniville). — Pop. 581. — DD. 48 kil. — DA. 7 kil. — DC. 7 kil. — *Ecart* : le Moulin-à-Vent. — Sup. 2,342 hect. : jardins, vergers, 8; terres lab. 2,179; bois, 99; terres vagues, 29. — Cr1, Cr2, gc1, Sa2, A2, A3. — Le territoire de Perthes forme un plateau élevé et peu accidenté. Altit. princip. : 126 m. près du village, au nord; 145 m. au Moulin-à-Vent; 145 m. à l'extrémité nord du territoire; 152 m. à l'extrémité sud; 165 m. près de la limite, sur le chemin du Ménil-Annelles. — La craie est à fleur du sol sur 1,686 hect., avec quelques poches de grève; dans la partie centrale du territoire, elle disparaît sous des lambeaux assez étendus de limon argilo-sableux ou sablo-argileux (656 hect.). — La grève crayeuse atteint parfois une grande puissance : sur le chemin de Mondrégicourt, à 500 m. du village, tranchée de 4 à 5 m., dans laquelle on voit la grève sous du sable argileux gris-jaunâtre, à veines gréveuses, recouvert lui-même par de l'argile rougeâtre. Sur le chemin de Tagnon, carrière de grève, recouverte également sur une partie de sa surface par le sable argileux et l'argile rouge. La craie est exploitée par travaux souterrains; elle donne des moellons qui valent 3 fr. 60 le m. cube. — On trouve à la base de la craie des nodules jaunâtres de phosphate de chaux; on peut les voir notamment à la tête du tunnel de Perthes, côté de Reims, sur le chemin de fer de Reims à Mézières ; ils forment en ce point un lit continu de 10 à 20 cent., au-dessus duquel ils sont répandus dans la craie sur une épaisseur d'environ 1 m. Voici quelle est la composition de ces nodules :

Eau, acide carbonique et matières organiques	25 10
Sable et argile	1 65
Acide phosphorique	21 10
Chlore	» 14
Fluor	traces
Oxyde de fer	1 20
Chaux	50 89
	100 08
Phosphate de chaux tribasique correspondant	46 06

Nous avons dosé en outre 0,19 0/0 d'azote, en partie à l'état de combinaison ammoniacale. Ces nodules, comme on voit, sont assez riches et composés presque exclusivement de parties à peu près égales de phosphate de chaux et de carbonate de chaux. Ils n'ont encore donné lieu à aucune exploitation ; ils sont d'ailleurs à peine connus. — On peut distinguer, comme sur tout le plateau crayeux, quatre espèces de terres : blanches crayeuses, grises, rouges et gréveuses ; les premières sont généralement les plus estimées, les dernières les plus mauvaises. Les terres argileuses rougeâtres, quand elles sont assez épaisses et qu'elles ont la craie pour sous-sol, sont d'assez bonne qualité ; avec un sous-sol gréveux, leur qualité diminue beaucoup. — Pas de source ni de cours d'eau. On se procure l'eau au moyen de puits ou de citernes ; ces premiers, au nombre de 75, ont une profondeur moyenne de 35 m. et ne tarissent que dans les années très-sèches. — Un moulin à vent avec une paire de meules.

Puiseux. (Novion-Porcien). — Pop. 231. — DD. 27 kil. — DA. 17 kil. — DC. 10 kil. — Sup. 344 hect. : jardins, vergers, 15; terres lab. 310; prés, 1; bois, 8. — A3, A4, V2, Gl4, C2. — Pays de plateaux sillonnés de vallons étroits; Puiseux est situé dans l'un de ces vallons, où coule le ruisseau de la Châtelaine, qui prend sa source près du village. Au fond du vallon affleurent les calcaires coralliens (25 hect.); tout le reste du territoire est occupé par les sables verts et l'argile du gault (160 hect.), masqués sur les plateaux par des alluvions anciennes (156 hect.). — Les calcaires coralliens sont remarquables par les nombreux fossiles qu'ils contiennent, *polypiers, coraux, nérinées, dicérates,* etc. Les calcaires durs sont exploités pour l'empierrement des chemins, les calcaires tendres ou friables pour le marnage des terres. — Les sables verts contiennent des nodules de phosphate de chaux. Quand ils affleurent, ils donnent des terres sableuses, sèches; mais ils sont presque partout recouverts par le gault, avec ses terres fortes, humides. — Les alluvions anciennes consistent en une argile bigarrée de jaune et de gris, formée par le remaniement du gault. Elles donnent des terres assez fortes, privées de calcaire, comme les précédentes, que l'on marne avec les calcaires coralliens. Cette opération du marnage a beaucoup amélioré le sol de cette commune, qui autrefois ne pouvait produire ni blé ni luzerne. On mélange aussi les sables verts aux terres fortes pour les diviser. — Composition d'un échantillon d'argile bigarrée pris sur le plateau à l'ouest de Puiseux :

Eau hygrométrique	1 50
Eau combinée et matières organiques	4 60
Sable et argile	83 95
Silice soluble dans la potasse	4 90
Alumine	1 70
Oxyde de fer	2 50
Carbonate de chaux	» 80
Carbonate de magnésie	» 05
	100 »

9

— Le village est alimenté par la source de la Châtelaine qui, abondante l'hiver, baisse beaucoup dans les sécheresses, mais sans tarir, et par une quinzaine de puits intarissables, dont la profondeur moyenne est de 12 m. Il y a sur le territoire une autre petite source, mais qui ne coule guère que dans la saison des pluies.

Remaucourt. (Chaumont-Porcien). — Pop. 368. — DD. 46 kil. — DA. 16 kil. — DC. 5 kil. — *Ecarts* : Flay, Lucquy, la Piscine, le Pavé. — Sup. 1,080 hect. : jardins, vergers, 30 ; terres lab. 1,000 ; bois, 12 ; terres vagues, 6. — M3, Cr2, A3. — Le village est situé dans une petite vallée assez étroite, où coule le ruisseau de la Piscine, et au fond de laquelle il y a un peu de terrain d'alluvion (32 hect.) ; les versants de cette vallée et des ravins qui s'y rattachent sont constitués par la craie marneuse (548 hect.) ; tous les plateaux sont recouverts par le limon (416 hect.), à l'exception de celui qui se développe autour de l'ancien moulin à vent, et où affleure la craie blanche (84 hect.). — La craie marneuse contient, vers sa partie supérieure, des silex gris et noirs, notamment près de la Piscine, près de la Fontaine de Flay, etc.; on les exploite pour l'empierrement des routes. L'argile rouge à silex se remarque en quelques points, surtout entre Remaucourt et Chevrières ; on s'en sert pour la fabrication des briques. — Bon terroir. — L'altitude de la vallée est de 118 m. en aval du village ; aux Briqueteries, le sol s'élève à 159 m. ; au Moulin, à 170 mètres ; à la limite est du territoire, entre Remaucourt et Chappes, à 183 m.; à l'angle N.-E., à 223 m. — La commune est bien pourvue d'eau, par des fontaines et par 65 puits, dont la profondeur moyenne est de 14 m. et qui ne tarissent jamais. Sur le territoire, on compte en tout 8 sources, dont une seule tarit quelquefois. — Une briqueterie. Pressoir à manége. Machine à vapeur de 4 chevaux dans une exploitation agricole.

Renneville. (Chaumont-Porcien). — Pop. 402. — DD. 50 kil. — DA. 27 kil. — DC. 9 kil. — Sup. 985 hect. : jardins, vergers, 29; terres lab. 901; prés, 15; bois, 18; terres vagues, 1. — M3, A3, A4. — Presque tout le territoire est constitué par le limon (829 hect.), qui recouvre la marne crayeuse; on ne voit affleurer cette dernière que sur de faibles étendues, sauf dans le ravin du *Fond de Sénicourt* et dans le village, où elle est un peu plus développée (112 hect.); dans la vallée de la Malacquise, il y a un peu d'alluvion (44 hect.). — La marne est exploitée pour l'amendement des terres limoneuses, qui manquent de carbonate de chaux. On exploite aussi les silex, qui s'y trouvent en couches, pour l'empierrement des chemins. — Ce terroir est le meilleur du canton de Chaumont. — Pas de source connue. Le village, bâti sur la rive gauche de la Malacquise, possède une soixantaine de puits, dont la profondeur moyenne est de 14 m., et qui tarissent rarement. — Un moulin à farine sur la Malacquise, avec trois paires de meules. Pressoirs à cidre.

Rethel. (Chef-lieu d'arrondissement). — Pop. 7,099. — DD. 40 kil. — *Ecarts* : Pamplemousse, Gerson, les Guinguettes, Hotin, Remicourt, Braux. — Sup. 1,202 hect.: jardins, vergers, 48; terres lab. 947; prés, 133; bois, 1; terres vagues, 2. — M3, M4, Cr2, A3. — La craie marneuse constitue la plus grande partie du territoire (352 hect.). A la partie supérieure, elle est compacte, quelquefois schisteuse et friable; à la partie inférieure, elle est plus argileuse. Composition d'un échantillon de craie grise, recueilli dans une carrière, sur la route d'Ecly :

Eau	1	00
Sable et argile	7	30
Oxyde de fer	1	05
Carbonate de chaux	90	55
Carbonate de magnésie	0	10
	100	»

On trouve dans la craie marneuse des lits de silex avec oxyde de fer. Cette formation donne généralement de bonnes terres, assez profondes, propres à la culture du blé. — La séparation entre la craie marneuse et la craie blanche n'est pas facile à saisir, au point de vue minéralogique ; il y a pour ainsi dire passage insensible de l'une à l'autre formation par des alternances de craie blanche et de craie grise en bancs minces, que l'on peut voir notamment dans la tranchée du chemin au N.-E. de Hotin. — La craie blanche ne paraît exister que sur la route de Mézières (46 hect.), partie la plus élevée du territoire ; elle donne des terres blanches, sèches. — Le limon (176 hect.) recouvre la craie marneuse sur les pentes au pied desquelles coule le ruisseau de Bourgeron, au nord ; il forme aussi un petit îlot au faubourg de Liesse ; là il recouvre du gravier crayeux. Les terres limoneuses sont généralement argilo-sableuses, jaunâtres ou rougeâtres ; comme elles manquent souvent de carbonate de chaux, il est utile de les chauler ou de les marner. — Le limon est exploité pour la fabrication des briques, le gravier crayeux pour la préparation des carreaux de terre. — Dans la vallée de l'Aisne, alluvions argileuses superposées à la grève (128 hect.). — En 1854, on a pratiqué un sondage dans une usine située à l'extrémité du faubourg de Liesse. Ce sondage a traversé 18 m. des marnes crayeuses qui constituent le sol depuis Rethel jusqu'au bas-fond de la Sarte, puis il a pénétré dans les couches plus argileuses qui affleurent au nord de ce bas-fond ; à 134 m., il a rencontré la marne

glauconieuse; puis, à 140 m., un grès argileux gris-
bleuâtre correspondant probablement à la gaize. Le forage
n'a pas été prolongé jusqu'à la rencontre des sables verts,
qui auraient pu fournir de l'eau jaillissante, puisqu'ils
affleurent à Novion-Porcien à une altitude de 90 m. environ, tandis que la cote de l'usine est de 83 m. — Altit.
princip. : 74 m. dans la vallée; 81 m. sur le ruisseau de
Bourgeron, à l'extrémité nord du territoire, au S.-E. de
Sorbon; 130 m. à Hotin; 148 m. sur la route de Mézières,
à 2 kil. de Rethel. — La ville est traversée dans sa partie
basse par l'Aisne, dont le titre hydrotimétrique est de 18°.
Près de la ville, source assez régulière, qui titre 25°, sub-
mergée par les crues de l'Aisne; une autre source, dite
du Puits de Braux, tarit pendant les sécheresses. Les
puits, creusés jusqu'au niveau de la rivière, ont une profondeur très-variable : dans la partie haute de la ville, ils
atteignent plus de 20 m.; à Hotin, 65 m. Voici la composition de l'eau de l'un de ces puits :

Titre hydrotimétrique	25°
Acide carbonique libre	0^l 0075
Carbonate de magnésie	0^g 0088
Chlorure de calcium	0 0228
Sulfate de chaux	0 0070
Azotate de chaux	0 0672
Carbonate de chaux	0 1648
Substances fixes pour 1 litre	0^g 2706

— Le travail de la laine est la principale industrie de
Rethel; on y compte 11 filatures et ateliers de tissage mécanique, activés par 6 roues hydrauliques de 115 chevaux
et 13 machines de 320 chevaux. Deux ateliers de mécanicien avec 2 machines à vapeur de 9 chevaux. Un atelier de
charronnerie avec machine de 8 chevaux. Deux machines
à battre le blé, l'une de 9, l'autre de 4 chevaux. Fabriques

d'eaux gazeuses. Fonderie de cuivre. Usine à gaz. Brasseries. Tanneries. Briqueterie. Moulin à vent.

Rocquigny. (Chaumont-Porcien). — Pop. 1,129. — DD. 39 kil. — DA. 26 kil. — DC. 5 kil. — Sup. 1,935 hect.: jardins, vergers, 66; terres lab. 1,115; prés, 319; bois, 378; terres vagues, 5. — MF3, S2, S3, SA2, SA3, VM2, VM3, M4, A3, A4, Gr2. — *Ecarts* : Comme dans toutes les contrées imperméables, où les sources sont nombreuses, les habitations sont très-disséminées. Aussi on ne compte pas moins de 27 écarts, dont voici l'énumération : La Rosière, Beau-Regard, le Champ-Gaillard, Gérigny, la Verrerie, le Haut-Sart, la Rue-Gibourdelle, la Cour-des-Jourdains, la Blanche-Gelée, les Duizettes, Sous-les-Faux, la Blaisotterie, la Marchotterie, la Cense-Brûlée, hameaux; le Point-du-Jour, la Guinguette, le Charmeau, Mal-Bâtie, le Rit-des-Leux, la Maison-Bonhomme, le Prieuré, le Moulin, la Briqueterie, la Maison-Bocahut, la Maison-Boudsocq, la Surprise, la Sorohinette. — Le territoire est assez accidenté : altitudes de 151 m. dans la vallée, à la limite ouest; 256 m. à la Surprise; 203 m. à la Guinguette. Il se partage entre la gaize (711 hect.), les marnes crayeuses (680 hect.), les alluvions anciennes (376 hect.) et les alluvions modernes (168 hect.). — La gaize se trouve surtout au sud de la rivière de Malacquise ; elle n'a pas toujours la texture sableuse, et elle présente des bancs argileux, noirs ou verdâtres, glauconieux, se délitant facilement (Sous-les-Faux, Rue-Gibourdelle). Aussi elle peut donner des terres sableuses, légères, ou des terres assez fortes. — Les sables argileux glauconieux, privés de calcaire, analogues à ceux de Monthois, forment un petit affleurement sur la gaize, à la Cense-Brûlée. — Le groupe des marnes crayeuses comprend, comme à Chaumont-Porcien : 1° Des marnes compactes, grises ou bleuâtres, glauconieuses surtout à la partie inférieure; 2° puis des marnes sableuses vertes et des sables argileux très-glauconieux, un peu calcaires; en certains points, notamment près du Charmeau, ces sables sont à peine calcaires et donnent des terres médiocres; 3° des marnes crayeuses, sans glauconie, avec lits de silex vers la partie supérieure; en général, ces marnes sont moins compactes que celles qui sont au-dessous des marnes sableuses vertes, bien qu'il s'y trouve aussi des bancs de marne argileuse donnant lieu à des terres fortes, difficiles à cultiver. Près de la Guinguette, tranchée de 4 m., dans laquelle des bancs alternatifs durs et tendres, glauconieux et calcaires, représentent la deuxième partie du groupe. Les silex sont exploités pour l'empierrement des chemins, et la marne pour l'amendement des terres. Il ne faut pas prendre indistinctement tous les bancs de marne pour cet usage, comme le font quelques cultivateurs, car certains de ces bancs sont à peine calcaires; la marne glauconieuse, quand elle est d'ailleurs assez riche en carbonate de chaux, doit être préférée, à cause de la potasse contenue dans la glauconie. — Les alluvions anciennes consistent en limon et en terrain à cailloux de silex. Le limon a une puissance variable; il a souvent plus de 3 m. d'épaisseur; il atteint même plus de 6 m. à 1 kil. de Rocquigny, sur le chemin de St-Jean-aux-Bois, et près du village, sur le chemin de Mainbressy, où on l'exploite pour la fabrication des briques. Quand il repose sur la marne, cas assez fréquent, le limon constitue d'excellentes terres, de nuance rougeâtre; sur la gaize, il est plus sableux et moins bon. L'argile à silex donne des terres compactes; elle est quelquefois recouverte par le limon. En quelques points, notamment près de la Ferme du Rit-des-Leux, on trouve sur la gaize une glaise grise bigarrée de rouge. — Les alluvions modernes sont généralement argileuses. — Sur la rive droite de la Malacquise, en face du Moulin, on voit affleurer dans la berge les couches oxfordiennes consistant en bancs de calcaire dur bleuâtre, séparés par des lits de calcaire tendre à oolithes ferrugineuses, ou *castine*. Le groupe oxfordien commence aussi à apparaître dans le ravin qui est situé près de la limite est, entre le Bois-Diot et la Cour-d'Avril. — Voici quelle est la composition de quelques échantillons de roches et de terres recueillis sur le territoire de Rocquigny :

	1	2	3	4	5
Eau hygrométrique	4 50	3 20	3 »	4 60	5 70
Eau combinée et matières organiques	2 10	5 70	6 »	3 10	4 30
Sable et argile	9 80	30 50	46 »	80 »	42 80
Silice soluble dans la potasse	4 50	11 55	20 10	6 90	20 75
Alumine	3 30	7 30	2 85	» 80	6 50
Oxyde de fer	8 05	12 80	4 85	2 60	7 80
Carbonate de chaux	67 »	28 20	15 50	1 10	11 40
Carbonate de magnésie	» 10	traces	» 20	» 05	» 10
	99 35	99 25	98 50	99 15	99 35

(1) Calcaire tendre, gris, avec oolithes ferrugineuses brillantes, provenant du groupe oxfordien, en face du moulin; (2) Argile grise, à oolithes ferrugineuses; même origine; (3) Gaize argileuse glauconieuse, verdâtre, au-dessous de la gaize massive, à la Rue-Gibourdelle; (4) Terre gaizeuse sans consistance, mêlée de quelques fragments gaizeux, entre la Cense-Brûlée et Beau-Regard; (5) Terre gris-verdâtre, à fragments calcaires, sur la marne glauconieuse, entre Rocquigny et Sous-les-Faux. — Le territoire de Rocquigny est traversé par la Malacquise; il y a en outre une dizaine de sources, dont le débit n'est pas très-considérable, mais qui ne tarissent jamais. Les puits du village, creusés jusqu'au niveau de la rivière, ont 4 à 5 m. de profondeur et sont intarissables; dans les hameaux, leur profondeur varie de 10 à 12 mètres. — Voici quelques titres hydrotimétriques :

Source St-Christophe.. 24°
Fontaine de l'Agneau.. 24°
La Malacquise, à la Verrerie................................. 16°
    —   en aval de Rocquigny................. 21°
Ruisseau de la Maison-Boudsocq......................... 22°
Puits de l'Hôtel, à Rocquigny............................. 37°

— Un moulin à farine, muni de deux paires de meules, sur la Malacquise. Une scierie, activée par une machine à vapeur de 6 chevaux. Briqueteries. Fours à chaux. Brasserie.

Roizy. (Asfeld). — Pop. 368. — DD. 59 kil. — DA. 18 kil. — DC. 7 kil. — Sup. 1,115 hect. : jardins, vergers, 6 ; terres lab. 827 ; prés, 42 ; bois, 226. — Cr1, Cr2, gc1, A2. — Au confluent de la Retourne et du ruisseau de St-Loup. — La craie, avec quelques poches de grève crayeuse, affleure sur la plus grande partie du territoire (991 hect.); limon argilo-sableux sur la rive droite du ruisseau de St-Loup (40 hect.); il y a en outre 84 hect. d'alluvion moderne, marneuse ou un peu tourbeuse. — En face Roizy, sur la rive gauche de la Retourne, la grève a jusqu'à 8 m. de puissance. — Carrières de craie. — Les terres rougeâtres, à fragments crayeux, avec sous-sol de craie, sont les plus estimées. — Deux sources, la *Fontaine St-Jean* et la *Fontaine Perrier*, assez régulières et tarissant rarement. Dans le village, une centaine de puits, dont la profondeur moyenne est de 3 m., et qui ne tarissent généralement pas.

La Romagne. (Chaumont-Porcien). — Pop. 396. — DD. 38 kil. — DA. 21 kil. — DC. 7 kil. — *Écarts* : Houïs-Haut, Houïs-Bas, Bélair, le Bois-Diot, la Cour-d'Avril, la Maison-Buteux, le Mont-de-Vergogne, la Boullenois. — Sup. 990 hect. : jardins, vergers, 19 ; terres lab. 575 ; prés, 89 ; bois, 279 ; terres vagues, 8 ; cult. div. 3. — MS3, MS4, MF3, AF3, M3, M4, S2, S3, A3. — Le village

de la Romagne est bâti sur un contrefort, entre deux petites vallées assez encaissées, au fond desquelles les alluvions modernes n'ont qu'un faible développement (17 hect.)
— Les versants de ces vallées sont constitués par le terrain oxfordien (385 hect.), représenté par la roche siliceuse, le calcaire marneux bleuâtre et l'oolithe ferrugineuse. On a extrait du minerai de fer, notamment au Bois-
Diot. La nature des terres de ce groupe varie naturellement avec le sous-sol. — Exploitation de calcaire marneux dur pour l'empierrement des chemins. — La gaize
surmonte les roches oxfordiennes (388 hect.) dans les deux
vallées, et elle s'étend au nord dans le bois Dapremont;
les terres qu'elle donne sont généralement sableuses. —
Au-dessus de la gaize, on voit, près de l'église de la Romagne, une terre argilo-sableuse, glauconieuse, compacte,
comme à la Cense-Brûlée. — La marne crayeuse forme
plusieurs îlots (124 hect.) sur la gaize, aux points les plus
élevés, notamment entre le Mont-de-Vergogne et la Blaisotterie, dans les environs du Bois-Diot et des Houïs. Elle
est généralement grasse, glauconieuse, et donne des terres
fortes; on l'exploite pour l'amendement des terres. — Le
limon recouvre tout le plateau de la Romagne, ainsi que
celui de la Cour-d'Avril (76 hect.). — Composition d'une
terre argilo-sableuse verte près de l'église (1), et d'une
marne blanche grasse exploitée au Mont-de-Vergogne (2) :

	1	2
Eau hygrométrique	6 50	6 »
Eau combinée et matières organiques	5 »	6 »
Sable et argile	47 30	39 15
Silice soluble dans la potasse	23 70	14 70
Alumine	7 20	7 80
Oxyde de fer	8 15	2 50
Carbonate de chaux	0 90	23 85
Carbonate de magnésie	0 25	traces
	99 »	100 »

— La marne crayeuse contient des nodules de phosphate de chaux à la base. Un échantillon de cette matière, provenant de fouilles exécutées entre la Place-à-Lys, Mauroy et la Blaisotterie, sur le territoire de la Romagne, nous a donné à l'analyse 26,77 0/0 d'acide phosphorique, correspondant à 58,32 de phosphate tricalcique, et 7,80 0/0 seulement de sable et argile insoluble dans l'acide chlorhydrique étendu. Ces nodules ne paraissent pas former une couche très-régulière. — Il y a une cinquantaine de puits dans le village et une dizaine dans les hameaux; leur profondeur moyenne est de 15 m., et la plupart tarissent. Les sources disséminées sur le territoire sont au nombre d'une vingtaine; elles ne tarissent généralement pas; quelques-unes sont employées pour les irrigations. Titre hydrotimétrique de l'eau du ruisseau entre la Romagne et le Mont-de Vergogne, 16° 1/2; du ruisseau entre la Romagne et Montmeillan, 19°. — Briqueterie. Pressoirs à cidre.

Rubigny. (Chaumont-Porcien). — Pop. 208. — DD. 44 kil. — DA. 28 kil. — DC. 6 kil. — *Ecarts* : la Cense-Boudsocq, le Moulin. — Sup. 512 hect. : jardins, vergers, 26; terres lab. 365; prés, 95; bois, 9. — A3, A4, M3. — Le territoire s'étend sur la rive droite de la Malacquise; dans le fond de la vallée, près de la limite est, l'altitude du sol est de 151 m.; elle est de 219 m. à 1 kil. 1/2 de Rubigny, sur le chemin de Mainbressy. — Le limon recouvre la craie marneuse sur presque tout le territoire (408 hect.); il ne laisse affleurer cette formation qu'en quelques points (32 hect.); dans la vallée, alluvion argileuse (72 hect.). — La craie marneuse est exploitée pour l'amendement des terres limoneuses, généralement pauvres en carbonate de chaux; les silex qu'elle contient sont extraits pour l'empierrement des chemins. Elle est couverte çà et là par une épaisseur variable de terre rougeâtre avec fragments de silex et de craie. — Dans le village, il y a une belle fontaine, et une vingtaine de puits, de 8 m. de profondeur moyenne, dont quelques-uns tarissent assez rarement. Sur le territoire, six sources assez abondantes, intarissables, employées pour les irrigations. — Un moulin à farine à deux paires de meules.

Saint-Fergeux. (Château-Porcien). — Pop. 550. — DD. 48 kil. — DA. 14 kil. — DC. 5 kil. — *Ecarts* : Chaudion, hameau; Juliancourt, Constantine. — Sup. 2,550 hect.: jardins, vergers, 30; terres lab. 2,389; prés, 10; vignes, 19; bois, 47; terres vagues, 6. — M3, Cr2, gc1, A2, A3, Sa3. — Le territoire de St-Fergeux est assez raviné. Altitudes de 89 m. près du village, à l'ouest; 140 m. au Signal de St-Fergeux; 150 m. à la limite N.-O.; 156 m. sur le chemin de St-Germainmont, près de la limite méridionale. — Le sol se partage entre la craie marneuse (896 hect.), la craie blanche (504 hect.), les alluvions anciennes (1,082 hect.) et les alluvions modernes (68 hect.). — La séparation entre la craie marneuse et la craie blanche n'est pas très-nette au point de vue minéralogique; il y a pour ainsi dire passage insensible de l'une à l'autre par des alternances de craie blanche et de marne. — La marne est parfois schisteuse et friable, notamment près de St-Fergeux, dans le chemin de Recouvrance, dans le chemin de Chaudion à Chappes, etc.; elle est alors accompagnée de silex. En certains points, on voit, au milieu de la marne, des nids de 10 à 15 cent. de diamètre, dans lesquels se trouvent de l'oxyde de fer hydraté et des silex à structure radiée. Les silex sont d'ailleurs abondants dans cette commune; on les extrait pour l'empierrement des chemins. La marne est exploitée pour l'amendement des terres limoneuses. — A la surface de la craie blanche, poches de grève crayeuse, souvent recouvertes par le limon. — A l'ouest de St-Fergeux, sur le chemin d'Hannogne, poches de sable pur, qui paraît être de l'époque tertiaire, sous une épaisseur de 2 à 3 m. de limon. — Les alluvions anciennes consistent surtout en limon, d'épaisseur variable; quelquefois plus de 5 m. (au sud de Chaudion). En quelques points, fragments de silex et de craie dans le limon. Parfois la craie marneuse est remaniée à sa surface; on voit des fragments anguleux de cette roche noyés dans une argile sableuse brune. Composition d'un échantillon de cette argile, recueilli sur le chemin de St-Fergeux à Recouvrance :

Eau hygrométrique	4 00
Eau combinée et matières organiques	5 20
Argile et sable	68 25
Silice soluble dans la potasse	11 90
Alumine	4 60
Oxyde de fer	4 85
Carbonate de chaux	1 20
Carbonate de magnésie	traces
	100 »

— Le village est traversé par un petit cours d'eau, dont le titre hydrotimétrique est 21° 1/2, et qui tarit ordinairement dans les sécheresses. Sept sources sur le territoire; celle de Chaudion seule est intarissable. 140 puits, dont la profondeur moyenne est de 13 m., tarissant rarement. — Un moulin à farine à deux paires de meules sur le ruisseau de St-Fergeux; machine à vapeur de 6 chevaux.

Saint-Germainmont. (Asfeld). — Pop. 979. — DD. 60 kil. — DA. 19 kil. — DC. 7 kil. — *Ecarts* : la Sucrerie, les Barres, la Thénorgue. — Sup. 1,569 hect. : jardins, vergers, 32; terres lab. 1,218; prés, 83; vignes, 54; bois, 128; terres vagues, 20. — Cr1, Cr2, gc1,

Sa2, A3, A4, T4. — Le village est situé sur le revers d'une colline, au pied de laquelle coule le ruisseau des Barres, affluent de l'Aisne. Altitudes principales : 62 m. dans la vallée, près du moulin des Barres ; 132 m. sur le chemin de Bannogne, à 3 kil. 1/2 N. de St-Germainmont. — L'argile sableuse du limon recouvre les plateaux (672 hect.) ; plus bas affleure la craie blanche (669 hect.) ; dans la vallée, alluvions modernes (228 hect.), généralement argileuses, parfois tourbeuses, notamment près de la Sucrerie. — Poches de grève sur la craie, en différents points. Carrière où la grève atteint 8 m. de puissance, au N.-O. du village, un peu au-dessus de la vallée. Près du village, on observe un conglomérat à fragments crayeux, accompagné de sable argileux quelquefois noirci par des matières organiques. Le limon a parfois une épaisseur notable : ainsi dans une terrière près de St-Germainmont, au S.-E., on voit 1 m. d'argile rouge en stratification discordante sur 3 à 4 m. de sable gris argilo-calcaire. — Composition de ce sable (1) ; d'un sable analogue mêlé à la grève crayeuse, recueilli à la cote 132, dans la partie nord du territoire (2) ; du limon proprement dit, ou argile sableuse rougeâtre, pris au même point (3) :

	1	2	3
Eau hygrométrique	1 60	1 »	1 30
Eau combinée et matières organiques	7 20	3 70	5 10
Sable et argile	63 »	72 05	78 40
Silice soluble dans la potasse	10 10	4 60	8 75
Alumine	3 85	1 65	2 60
Oxyde de fer	2 80	2 20	2 75
Carbonate de chaux	11 40	14 70	1 10
Carbonate de magnésie	» 05	» 10	»
	100 »	100 »	100 »

— Bon terroir. Terres blanches crayeuses ; terres limoneuses, généralement argilo-sableuses, moins souvent sablo-argileuses. Les terres limoneuses privées de calcaire sont amendées avec la craie. — On connaît sur le territoire quatre sources assez régulières : la *Fontaine Brimont*, la *Fontaine-du-Village*, *Derrière-les-Bois* et la *Fosse-aux-Chevaux*. Dans le village, 230 puits, dont la profondeur moyenne est de 16 m., ne tarissant pas. Le ruisseau des Barres titre 17° à l'hydrotimètre. — Briqueterie à la houille. Four à chaux grasse. Trois moulins à farine munis chacun de deux paires de meules. Une filature de laine peignée, activée par une roue hydraulique et une machine à vapeur de 20 chevaux. Une sucrerie activée par 6 machines à vapeur de 71 chevaux.

Saint-Jean-aux-Bois. (Chaumont-Porcien.) — Pop. 643. — DD. 34 kil. — DA. 27 kil. — DC. 11 kil. — *Ecarts* : le Sous-Berteaux, le Champ-de-la-Reine, la Grande-Picardie, la Petite-Picardie, la Cour-Honorée, le Merbion, la Briqueterie, le Mont-de-Hayes, la Vallée, la Rosée-du-Matin, la Limousinerie, la Cense-Paris, la Haute-Tuerie. — Sup. 890 hect. : jardins, vergers, 25; terres lab. 589; prés, 169; bois, 68; terres vagues, 3; cult. div. 1. — MS3, S2, S3, VM2, VM3, M4, A3. — Altit. princip. : 193 mètres, dans la vallée de la Malacquise, limite est du territoire; 236 m. près du Champ-de-la-Reine; 271 m. au Signal de la Haute-Tuerie. — On voit affleurer dans cette commune le terrain oxfordien (20 hect.), la gaize (232 hect.), les marnes et sables glauconieux (530 hect.), la marne (60 hect.) et les alluvions modernes (48 hect.). — Le groupe oxfordien ne forme qu'un petit affleurement le long des ruisseaux qui se rencontrent à l'angle S.-E. du territoire; il consiste en roche siliceuse assez dure et calcaire marneux. — A la surface de la marne, on observe une argile rouge avec silex, d'une épaisseur variable, en manteau discontinu. Le même terrain se rencontre sur les sables glauconieux, mais il est alors plus sableux. Il y a aussi un peu de limon avec silex. — Exploitation des silex pour l'empierrement des chemins, et de la marne pour l'amendement des terres. La marne glauconieuse, pourvu qu'elle soit assez calcaire, doit être préférée, car elle agit encore par la potasse contenue dans la glauconie. — Composition de deux échantillons de marnes glauconieuses (1 et 2) et d'une terre argilo-sableuse peu consistante, bigarrée de rouge et de gris, avec fragments anguleux de gaize, prise sur la gaize, près du Sous-Berteaux (3) :

	1	2	3
Eau hygrométrique	1 60	1 60	4 50
Eau combinée, matières organiques et acide carbonique	21 90	26 50	4 85
Sable et argile non attaquée par l'acide chlorhydrique	27 10	35 22	73 80
Silice soluble dans la potasse	13 »	5 04	8 63
Alumine	2 80	2 56	3 30
Oxyde de fer	8 40	3 44	3 50
Chaux	23 87	24 40	» 45
Magnésie	» 20	traces	traces
Acide sulfurique	» 33	» 44	»
Acide phosphorique	traces	traces	»
	99 20	99 17	99 03

Nous avons recherché l'azote dans l'échantillon n° 2, qui est le moins glauconieux; la proportion que nous y avons trouvée s'élève à 0,14 0/0. — Sur le territoire, beaucoup de sources, assez régulières, ne tarissant pas, dont plusieurs sont employées pour les irrigations; on pourrait amener dans le village quelques-unes d'entre elles, situées à peu de distance. A St-Jean, une trentaine de puits, dont la profondeur moyenne est de 13 m., et qui manquent rarement d'eau. Titre hydrotimétrique du ruisseau qui coule entre St-Jean et la Cour-Honorée, 18° 1/2; de l'eau d'un puits d'auberge, 25°. — Briqueterie. Moulin à farine à deux paires de meules sur la Malacquise.

Saint-Loup. (Château-Porcien). — Pop. 426. — DD. 52 kil. — DA. 13 kil. — DC. 9 kil. — *Ecart* : le Château. — Sup. 1,577 hect. : jardins, vergers, 8; terres lab. 1,359; prés, 3; bois, 33; terres vagues, 153. — Cr1, Cr2, gc1, A3. — St-Loup est au fond d'un vallon, dans lequel coule un ruisseau dans les temps humides. Au point où ce ruisseau est traversé par la voie romaine, l'altitude du sol est de 78 m.; au Signal de St-Loup, 139 m.; à l'extrémité N. du territoire, au point le plus élevé, 146 m.; néanmoins les mouvements du sol ne sont pas très-marqués. — La craie blanche (873 hect.), le limon (680 hect.) et les alluvions modernes (24 hect.) se partagent le territoire. — La grève crayeuse ravine en plusieurs points la surface de la craie; on en trouve notamment de grandes poches sur la pente au N.-E. du Signal. — Les alluvions anciennes comprennent les deux limons : le supérieur, argileux, rougeâtre, de 1 m. 20 au plus; l'inférieur, sable argilo-calcaire grisâtre ou jaunâtre, qui atteint quelquefois 3 à 4 m. — Les alluvions anciennes sont argileuses, noircies parfois par des matières organiques. — Aucune source. 125 puits, dont la profondeur moyenne est d'environ 13 mètres, et dont la plupart tarissent dans les sécheresses.

Saint-Quentin-le-Petit. (Château-Porcien). — Pop. 341. — DD. 59 kil. — DA. 24 kil. — DC. 14 kil. — *Ecarts* : la Valleroy, la Bouverie, la Maison-Neuve, le Moulin-à-Vent. — Sup. 895 hect. : jardins, vergers, 17; terres lab. 850; vignes, 1; bois, 2. — Cr2, A3. — Saint-Quentin est situé sur le petit ruisseau de Sévigny. La constitution du sol est très-simple : on trouve une faible étendue d'alluvion moderne dans le fond de la vallée (36 hect.), la craie blanche sur ses flancs (164 hect.) et le limon sur les plateaux (695 hect.). — Carrières de craie. — Au milieu de la craie, vers la partie inférieure, se trouvent des nodules tuberculeux, durs, pesants, de couleur jaunâtre, remarquables par la forme mamelonnée très-prononcée qu'ils affectent, qu'on emploie pour l'entretien des routes sous le nom de *buquands*. Ces nodules sont composés de calcaire ferrugineux et magnésien, comme le montre l'analyse suivante, faite sur un échantillon pris dans une carrière, sur le chemin de St-Quentin à la ferme du Haut-Chemin, où ils forment un banc de 1 m. 50 d'épaisseur :

Eau	»	30
Sable et argile	3	16
Carbonate de chaux	92	71
Carbonate de magnésie	2	83
Carbonate de fer	1	»
	100	»

— Le limon donne lieu à des terres généralement argilo-sableuses ; les alluvions sont argileuses. — A la limite des trois communes de St-Quentin, Hannogne et Sévigny, se trouve sous le limon du sable pur, qui paraît devoir être rapporté à l'époque tertiaire. — Le ruisseau de Sévigny est très-irrégulier et tarit fréquemment ; il en est de même de la *Source de St-Prix*, située près de la ferme de la Bouverie. Aussi on ne peut compter sur ces eaux, et les habitants s'alimentent à l'aide de puits, dont la profondeur moyenne est de 15 m., et qui ne tarissent que rarement. Il y a en outre des citernes. — Moulin à vent à farine.

Saint-Remy-le-Petit. (Asfeld). — Pop. 85. — DD. 55 kil. — DA. 14 kil. — DC. 12 kil. — Sup. 750 hect. :

jardins, vergers, 2; terres lab. 314; bois, 423. — Cr1,
Cr2, gc1. — Cette commune est située entièrement sur la
rive gauche de la Retourne; c'est, avec celle du Ménil-
Lépinois, la plus pauvre de l'arrondissement. — Le long
de la rivière, il y a une faible étendue de terrain d'alluvion
(22 hect.); le reste du territoire est constitué par la craie
blanche, couverte çà et là de grève crayeuse ou de traces
de sable argileux. — Aucune source. Dans le village, 25
puits, dont la profondeur moyenne est de 5 mètres, et qui
tarissent rarement. A la Gentillerie, puits de 17 m. —
Moulin à farine à deux paires de meules sur la Retourne.

Saulces-Monclin. (Novion-Porcien). — Pop. 1,103.
— DD. 29 kil. — DA. 13 kil. — DC. 7 kil. — *Ecarts* :
Saulces-aux-Tournelles, Monclin, hameaux; Maillard, la
Raulette, Vauboison, les Tuileries, la Guinguette. Station
du chemin de fer de Reims à Mézières. — Sup. 2,022
hect. : jardins, vergers, 36; terres lab. 1,513; prés, 202;
bois, 219; terres vagues, 2; cult. div. 1. — A3, A4, M3,
M4, V2, V3, Gl4, C2, C3, T5. — Le territoire de cette
commune est sillonné de ravins profonds. Altit. princ. :
101 m. dans la vallée du ruisseau de Saulces, près de la
limite méridionale; 128 m. aux Tuileries; 142 m. près de
la Maison-Bonne; 162 m. à 1/2 kil. N.-E. de Saulces-aux-
Tournelles. — On trouve dans cette commune les calcaires coralliens (108 hect.), le calcaire à astartes (52 hect.),
les sables verts (1,022 hect.), la marne crayeuse (180 hect.),
les alluvions anciennes (588 hect.) et les alluvions modernes (72 hect.). — Les calcaires coralliens constituent
les flancs de tous les ravins, sauf de ceux qui s'étendent
autour de la gare et à l'est de Vauboison, où l'on rencontre
le calcaire à astartes. Ces calcaires sont généralement
blancs, compactes, caractérisés par la présence des

nérinées; quelquefois oolithiques, en bancs minces. Près
de Saulces-aux-Tournelles, où on les exploite, ils donnent
des matériaux gélifs, que l'on emploie pour l'empierrement des chemins et pour la fabrication de la chaux
grasse; en ce point, ils sont recouverts par une marne
blanche de 1 à 2 m. d'épaisseur, appartenant à l'étage suivant. — L'étage du calcaire à astartes se réduit dans cette
région à une faible épaisseur; il consiste en bancs alternatifs de calcaire marneux et de marne blanche, que l'on
exploite pour l'amendement des terres fortes. Il contient
de nombreux fossiles. Près de Saulces-aux-Tournelles et
de Vauboison, bancs minces de calcaire oolithique ferrugineux, friable. — Les sables verts reposent sur les
groupes précédents; ils contiennent des nodules de phosphate de chaux, exploités activement; voici la composition de deux échantillons :

Eau et matières organiques.............................	4 70	5 »
Acide phosphorique.........	2 40	3 30
Sable et argile..	47 85	44 75
Oxyde de fer...	2 60	2 65
Chaux...	23 03	25 83
Acide phosphorique....................................	19 42	18 47
	100 »	100 »
Phosphate tricalcique correspondant..	42 69	40 60

Les sables verts affleurent rarement; ils sont presque
toujours recouverts par l'argile du gault, qui consiste en
une glaise gris pâle, verdâtre ou noirâtre. — La marne
crayeuse affleure au sud des Tuileries et près de Monclin;
la partie inférieure, glauconieuse, contient des nodules
phosphatés ; au-dessus, marnes grises ou bleues. — Les
alluvions anciennes, qui s'étendent sur tous les plateaux,
consistent surtout en une argile glaiseuse, bigarrée de
rouge et de gris, formée aux dépens du gault, sur lequel

elle repose, et en limon, superposé à cette argile. Le territoire de Saulces-Monclin présente d'ailleurs de nombreuses traces d'un remaniement opéré sur place. Sur les pentes des ravins, on voit tantôt des éboulis de sable vert ou de limon recouvrant des fragments de calcaire, tantôt des alternances de sable vert et de lits de fragments calcaires, etc. — Dans la plaine qui s'étend au sud-ouest de Monclin, les dépôts alluviens présentent des circonstances remarquables. Le lit de nodules, que l'on y exploite, repose sur les sables verts et est recouvert par la glaise du gault avec *septarias*, ou concrétions calcaires; cette glaise est ravinée, et au-dessus on observe une marne blanchâtre avec petits fragments crayeux plus ou moins arrondis; puis, sur cette marne, une glaise compacte, verdâtre et marbrée de rouge, tout-à-fait exempte de carbonate de chaux. La discordance de stratification qui existe entre la marne et le gault se reproduit avec les mêmes caractères entre la glaise de la surface et la marne qu'elle recouvre; de sorte que ces deux dernières couches, qui ont chacune 1 m. d'épaisseur moyenne, sont évidemment remaniées. — Composition d'une glaise bigarrée, reposant sur le gault, entre la gare et Vaux-Montreuil (1); du limon superposé à cette glaise (2); d'une terre rouge sur la marne crayeuse, près Monclin (3); d'une terre noirâtre compacte, pénétrant dans les anfractuosités du calcaire à astartes, près de la gare (4) :

	1	2	3	4
Eau hygrométrique	5 50	1 50	3 50	2 50
Eau combinée et matières organiques	4 10	3 50	6 »	3 50
Sable et argile	68 50	81 70	74 »	76 35
Silice soluble dans la potasse	11 60	6 55	8 35	8 40
Alumine	4 60	3 10	3 80	2 10
Oxyde de fer	4 40	2 25	2 80	3 60
Carbonate de chaux	1 10	1 40	1 50	3 20
Carbonate de magnésie	» 20	traces	» 05	» 35
	100 »	100 »	100 »	100 »

— Les alluvions modernes, qui bordent le ruisseau de Saulces, sont généralement argileuses ; près de la limite méridionale du territoire, elles sont un peu tourbeuses et sont couvertes de prairies marécageuses. — Les terres fortes sont celles qui occupent le plus d'étendue ; il est avantageux de les drainer et de les chauler. Le drainage améliore aussi les terres marneuses, généralement fortes et humides. — La commune est traversée par un petit ruisseau qui prend naissance dans les ravins environnant Saulces-aux-Tournelles ; il n'est jamais à sec et l'eau en est toujours très-limpide. On connaît sur le territoire 16 sources, régulières, ne tarissant pas, et dont quelques-unes donnent un volume d'eau notable. 80 puits, dont la profondeur moyenne est de 10 m., ne tarissant pas. Citernes à Monclin. — Deux moulins à farine, munis chacun de deux paires de meules. Fours à chaux. Machine à vapeur de 4 chevaux dans une exploitation agricole.

Sault-les-Rethel. (Rethel). — Pop. 427. — DD. 41 kil. — DA. 1 kil. — *Ecarts* : la Moutarde, la Briqueterie. — Sup. 662 hect. : jardins, vergers, 21 ; terres lab. 581 ; bois, 18 ; terres vagues, 11. — A3, Cr2, gc1, M3. — Le territoire s'étend sur la rive gauche de l'Aisne ; l'altitude la plus faible est de 74 m., dans la vallée ; la plus forte de 152 m., sur la grande route, près de la limite méridionale. — Dans la vallée, alluvions argileuses avec grève au-dessous (80 hect.) ; sur les pentes douces, limon (390 hect.) ; sur le reste du territoire, craie marneuse (28 hect.) et craie blanche (164 hect.). — Le limon se compose d'une couche de sable argileux calcaire gris-jaunâtre, d'épaisseur variable, parfois de 4 m., recouvert généralement par 0 m. 80 à 1 m. d'argile rouge brun, privée de carbonate de chaux ; on l'exploite pour la fabrication des briques. Il donne lieu à des terres de bonne qualité. — En quelques points, notamment près du chemin de Juniville, la craie est recouverte d'une terre grise avec petits fragments crayeux, dont l'épaisseur est de 1 à 2 m., qui se développe surtout sur le territoire de Biermes. — Aucune source ni cours d'eau. 140 puits, dont la profondeur moyenne est de 7 m., et qui ne tarissent jamais. Citernes. Le village pourrait être alimenté par une dérivation du ruisseau de Biermes. — Quatre briqueteries importantes, occupant ensemble 40 ouvriers. Fours à chaux. Un atelier de construction de machines, activé par une machine à vapeur de 4 chevaux. Une filature de laine peignée, activée par une machine à vapeur de 3 chevaux. Un moulin à farine à 4 paires de meules, avec machine à vapeur de 12 chevaux. Machine à vapeur de 6 chevaux pour le service d'une exploitation agricole. Brasserie. Fonderie de suif.

Sault-Saint-Remy. (Asfeld). — Pop. 326. — DD. 60 kil. — DA. 19 kil. — DC. 6 kil. — Sup. 963 hect. : jardins, vergers, 6 ; terres lab. 624 ; prés, 34 ; bois, 281. — Cr1, Cr2, gc1, A3, M4. — Le territoire de cette commune s'étend sur les deux versants de la Retourne, qui le traverse en son milieu de l'est à l'ouest. Il est peu accidenté : altitudes de 77 m. près du village, à l'est ; 113 m. à la limite méridionale, sur le chemin de Boult-sur-Suippe ; 121 m. près de la limite septentrionale, sur le chemin d'Aire. — Le sol est presque entièrement constitué par la craie (907 hect.) ; faible largeur d'alluvion moderne, généralement marécageuse et marneuse, sur les bords de la rivière (48 hect.) ; le limon argilo-sableux n'apparaît guère que sur la hauteur, le long de la limite nord (8 hect.). — Grève crayeuse en différents points. — Dans le marais qui se trouve au S.-O. de Sault, on a extrait de la tourbe, très-terreuse, de mauvaise qualité, dont l'épaisseur était au plus d'un mètre; cette tourbe est intercalée dans la grève crayeuse. — Aucune source. 78 puits, dont la profondeur moyenne est de 5 m., ne tarissant pas.

Seraincourt. (Château-Porcien). — Pop. 872. — DD. 49 kil. — DA. 17 kil. — DC. 11 kil. — *Ecarts :* le hameau de Forest, Chaumontagne, la Sucrerie, le Sazy. — — Sup. 1,620 hectares : jardins, vergers, 55 ; terres lab. 1,284 ; prés, 33 ; bois, 189 ; terres vagues, 6. — M3, A3, Sa2. — Le village est situé sur un petit ruisseau. Au moulin du Sazy, l'altitude du sol est de 89 m. ; sur la hauteur entre Seraincourt et Bray, 152 m. ; à Chaumontagne, 171 m. — Le territoire de cette commune, le meilleur du canton, est en grande partie occupé par les alluvions anciennes (1,204 hect.) ; la marne crayeuse n'affleure guère que sur les versants de la vallée de Seraincourt, ainsi que dans les dépressions qui s'allongent de Forest à Chaumontagne (352 hect.) ; dans le fond de la vallée, il y a une faible largeur d'alluvion moderne (64 hect.). — La craie marneuse contient des silex ; on peut les voir notamment près de la grande route, sur la rive gauche du ruisseau, dans le village même, dans le ravin du Radois, etc. Ces silex, dégagés de la marne par un remaniement postérieur, se retrouvent intacts et avec des angles vifs dans les alluvions anciennes. Ainsi, dans le village, on observe, au-dessus de la marne grise, 0 m. 30 de glaise gris foncé, privée de calcaire, puis un banc de silex remaniés, de 1 m. d'épaisseur, recouvert par le limon argilo-sableux. Cette même glaise gris-foncé se trouve encore dans le chemin creux qui descend à Forest, en venant du S.-E. Nous pensons qu'elle doit être rapportée à l'époque tertiaire, et nous l'avons circonscrite sur la carte par un trait pointillé. — Dans le bois de Chaumontagne, le limon présente aussi à sa base un lit de cailloux remaniés. Dans cette région, il y a deux espèces de silex, noirs et gris. — On connaît sur le territoire un assez grand nombre de sources ; mais elles n'ont pas un débit considérable et elles tarissent. Les puits, au nombre d'une cinquantaine, de 15 m. de profondeur moyenne, tarissent également. — Une sucrerie, activée par 7 machines à vapeur de 76 chevaux. Deux moulins à eau à farine, comprenant l'un deux paires, l'autre une paire de meules. Un moulin à vent muni d'une paire de meules. Pressoirs. Briqueteries.

Sery. (Novion-Porcien.) — Pop. 1,034. — DD. 38 kil. — DA. 10 kil. — DC. 6 kil. — *Ecarts* : Beaumont-en-Aviotte, la Maladrie, hameaux ; la Malmaison, Couversy, fermes ; la Râperie, le Moulin. — Sup. 1,857 hect. : jardins, vergers, 55 ; terres lab. 1,257 ; prés, 350 ; bois, 147 ; terres vagues, 1. — M3, M4, A3, A4, Gr3. — Altitudes principales : 102 m. dans la vallée du Plumion, près de la Malmaison ; 95 m. près de la Maladrie ; 175 m. au Moulin-à-Vent ; 179 m. sur le monticule à 1 kil. N. de Sery. — La marne crayeuse occupe la plus grande partie du territoire (1,125 hect.) ; elle est compacte, grisâtre ou blanchâtre à la partie supérieure, notamment aux monts de Sery ; au-dessous elle est grasse, gris plus ou moins foncé, quelquefois bleuâtre, avec une grande quantité de fossiles ; elle donne souvent lieu alors à des terres fortes, imperméables, surtout dans les bas-fonds, que l'on améliore par le drainage. Le village est noyé au milieu de vergers d'une riche végétation. Bonnes terres. — Les monts de Sery ont une forme caractéristique, en gradins, qui les fait reconnaître de très-loin ; l'un d'eux, au nord du village, est couronné par une surface plane très-étendue qui, sans doute, est formée en tout ou partie de matériaux rapportés ; on remarque en effet dans les talus qui bordent le plateau, et dont la hauteur est de 5 à 6 m., des débris de briques, de tuiles, de poteries, au milieu de marnes et de pierres désagrégées. — La partie supérieure de la craie marneuse est remplie de silex gris; on les voit en grande abondance au sommet des monts de Sery. — A l'extrémité est du village, on exploite la marne grasse pour la fabrication des carreaux; on la mélange à cet effet avec l'argile sableuse rougeâtre. — Les alluvions anciennes (492 hect.) consistent principalement en une argile sableuse jaunâtre ou rougeâtre, très-peu calcaire, qui constitue de bonnes terres à betterave, notamment à l'est de Beaumont. Entre Sery et Inaumont, près de la limite méridionale du territoire, limon jaunâtre, au-dessous duquel se trouvent des cailloux de silex anguleux noyés dans une argile grasse rougeâtre. Près de la Malmaison, dans la marne bleuâtre, poches de gravier à galets gaizeux et calcaires, recouvertes par le limon ou à fleur de sol. — Le marnage améliore les terres limoneuses; cette opération est rendue des plus faciles par la proximité de la marne. — Les alluvions du Plumion (240 hect.) sont argileuses, humides; près du bois d'Avaux, dans la vallée de la Vaux, terres marneuses, très-noires, riches en matières organiques. — Sept sources assez régulières, ne tarissant pas; deux sourdent dans le village, une à Beaumont; la source *du Gouffre* est la plus considérable. 80 puits, de 20 m. de profondeur moyenne, dont la plupart tarissent dans les sécheresses prolongées. — Un moulin à deux paires de meules sur le Plumion. Une râperie de betteraves, activée par une machine à vapeur de 10 chevaux.

Seuil. (Rethel). — Pop. 663. — DD. 40 kil. — DA. 9 kil. — *Ecarts* : le Moulin, l'Ecluse. — Sup. 1,179 hect. : jardins, vergers, 14; terres lab. 965; prés, 127; bois, 18;

terres vagues, 23. — M3, M4, Cr2, gc1, A3. — Altit. princ.:
78 m. dans la vallée; 162 m. sur le chemin du Ménil-
Annelles, près de la limite méridionale du territoire. —
L'Aisne traverse le territoire de Seuil; c'est ici que les
alluvions de cette rivière atteignent la plus grande largeur,
qui n'est pas moins de 3 kil. entre Seuil et Coucy. Elles
occupent dans cette commune une surface de 388 hect. et
sont glaiseuses, humides. Dans l'ancien bois de Seuil, défriché actuellement, terres noires, riches en matières organiques, que l'on cultive sans engrais, et qui donnent
d'abondantes récoltes. — La craie marneuse (545 hect.),
la craie blanche avec quelques poches de grève crayeuse
(212 hect.) et le limon (34 hect.) se partagent le reste du
territoire. — Le limon ne forme que des lambeaux de
faible étendue; on l'exploite pour la fabrication des briques à l'ouest de Seuil, dans une carrière qui montre
0 m. 80 à 1 m. d'argile sableuse rougeâtre reposant en
stratification discordante sur 3 m. de sable argileux calcaire gris-jaunâtre. — Entre Seuil et Mont-Laurent, la
marne est recouverte par une terre grise avec petits fragments de craie marneuse, formée sur place, comme la
grève crayeuse, par la trituration et le remaniement du
sous-sol. — La craie marneuse donne en général de bonnes
terres, propres à la culture du blé. — Composition du
limon inférieur (1), du limon supérieur (2) de Seuil; de la
terre noire du bois de Seuil (3) :

	1	2	3
Eau hygrométrique	4 80	3 30	4 50
Eau combinée et matières organiques	4 50	4 20	9 20
Sable et argile	41 85	72 45	47 90
Argile attaquée par l'acide chlorhydrique (Silice	6 70	11 20	17 30
(Alumine	1 40	4 60	7 50
Oxyde de fer	2 »	2 45	8 65
Carbonate de chaux	37 90	» 80	3 70
Perte et matières non dosées	» 85	1 »	1 25
	100 »	100 »	100 »

— Quatre sources sourdent à peu de distance au sud de Seuil et forment un petit ruisseau qui, après avoir longé les jardins du village, se jette dans l'Aisne; elles sont d'un faible débit, mais assez régulières. 80 puits, de 15 m. de profondeur moyenne, ne tarissant pas. — Une briqueterie à la houille, assez importante. Un moulin à vent à deux paires de meules. Une brasserie.

Sévigny. (Château-Porcien). — Pop. 750. — DD. 61 kil. — DA. 26 kil. — DC. 16 kil. — *Ecarts :* Waleppe, hameau ; le Pont-des-Aulnes, la Grange-aux-Bois, le Bois-du-Fay, le Moulin-Neuf. — Sup. 2,411 hect. : jardins, vergers, 20 ; terres lab. 2,115; bois, 219. — M3, Cr1, Cr2, gc1, AC3, A3, Sa2. — Les plateaux sont couverts de limon (1,911 hect.) ; la craie blanche se montre dans les vallons autour de Sévigny (288 hect.) et la craie marneuse près de Waleppe (184 hect.); il y a en outre une faible étendue de terrain d'alluvion (28 hect.) dans la vallée de Sévigny. — La craie blanche est recouverte çà et là de grève crayeuse. Elle contient à sa base des bancs de rognons durs de calcaire magnésien et ferrugineux, ou *buquands*, qu'on exploite pour l'empierrement des chemins, comme à Saint-Quentin. La craie est exploitée pour les constructions et pour l'amendement des terres limoneuses. — La craie marneuse contient des silex; on l'exploite aussi pour l'amendement des terres. — Au contact des marnes crayeuses et de la craie blanche, on observe un terrain argilo-calcaire, grisâtre, avec petits grains crayeux, formé par un remaniement sur place de la roche sous-jacente, comme à Biermes, Acy-Romance, etc. — Le limon a parfois plus de 4 m. d'épaisseur; il donne lieu à des terres argilo-sableuses ou sablo-argileuses. On trouve quelquefois à sa base (talus du chemin de Sévigny à Hannogne)

des *chiens*, bancs minces d'une brèche crayeuse très-dure.
— A la limite des trois communes de Sévigny, Hannogne
et Saint-Quentin, il y a sous le limon du sable pur que
nous rapportons à l'époque tertiaire. — Altit. princip. :
106 m. dans la petite vallée, près de Waleppe; 150 m. sur
le chemin du Thuel, à 1,800 m. N. de Sévigny; 156 m. près
de la route de Montcornet à Reims, au N.-O. de Sévigny.
— Le village est situé sur un petit ruisseau, qui prend
naissance près de Waleppe. Un assez grand nombre de
sources sourdent à la séparation de la craie et de la marne;
elles sont peu régulières et tarissent dans les sécheresses.
Il y a une centaine de puits, dont la profondeur moyenne
est de 20 m., et qui tarissent quelquefois. — Machine à
vapeur de 6 chevaux dans une exploitation agricole. Bat-
teuse locomobile de 3 chevaux.

Son. (Château-Porcien). — Pop. 291. — DD. 42 kil. — DA.
12 kil. — DC. 6 kil. — *Ecarts* : les Cambuses, la Digue. —
Sup. 903 hect. : jardins, vergers, 26; terres lab. 816; prés,
29; vignes, 1; bois, 10. — M3, Cr2, Sa2, A3. — Son est
situé à la tête d'une petite vallée, où coule un ruisseau formé par plusieurs petites sources, qui se jette à Hauteville
dans la Vaux. Aux *Neuf-Fontaines*, sources principales de
ce ruisseau, l'altitude du sol est de 109 m.; elle est de 144
m. sur la grande route, à l'embranchement du chemin de
Son, et de 155 m. sur la même route, à l'ouest du Blanc-Mont.
— Dans le fond de la vallée, alluvions modernes (40 hect.),
en partie couvertes de prairies. — Sur les flancs de cette
vallée, ainsi que sur le plateau suivi par la grande route,
marne crayeuse (336 hect.), donnant lieu à des terres de
bonne qualité. — En montant au moulin à vent du Blanc-
Mont, on voit des alternances de marnes grasses et de
calcaires crayeux, d'un blanc sale, pénétrés de silex gris et

noirs, puis une craie grise un peu glauconieuse, et au sommet la craie blanche contenant beaucoup de *catillus*. — La craie blanche n'occupe qu'une faible étendue (120 hect.), aux points les plus élevés (altitudes de 144 et 155 m.). — Enfin le limon, généralement argilo-sableux, parfois sablo-argileux, recouvre le reste du territoire (407 hect.) — La craie blanche est exploitée pour l'encaissement des chemins communaux, la craie marneuse pour l'amendement des terres limoneuses. On trouve fréquemment des silex au-dessous du limon, dans une argile rougeâtre. — En dehors de la source citée plus haut, qui ne tarit jamais, on en connaît six autres, dont deux ont un débit notable, assez régulier, et sont intarissables. Le petit cours d'eau de Son sert aux irrigations. Dans le village, il y a 18 puits, d'une profondeur moyenne de 12 m.; deux d'entre eux seulement sont intarissables; les autres manquent d'eau à la suite de fortes sécheresses. — Pressoirs à cidre.

Sorbon. (Rethel). — Pop. 347. — DD. 38 kil. — DA. 4 kil. — *Ecarts* : Dyonne, hameau; le Paradis. — Sup. 1,443 hect. : jardins, vergers, 37; terres lab. 1,046; prés, 239; bois, 76; terres vagues, 2. — M3, M4, M5, Cr2, A3, A4. — Le territoire est constitué en grande partie par la marne crayeuse (959 hect.), que masque en quelques points le limon (180 hect.); la craie blanche apparaît sur la hauteur à l'ouest de Sorbon (28 hect.); et les alluvions modernes occupent la vallée du Plumion et celles de quelques autres petits ruisseaux (276 hect.). — La marne est tantôt compacte, tantôt grasse, grise ou blanchâtre; elle donne généralement des terres fortes, humides, parfois difficiles à cultiver, que le marnage améliorerait. En quelques points, la marne est remaniée et contient des fragments de craie et de silex noirs. — Le limon se compose d'un sable argileux calcaire, gris-jaunâtre, auquel est superposée une argile rougeâtre, non calcaire, contenant quelquefois de petits fragments de silex. Les terres limoneuses sont douces, faciles à cultiver; à marner dans bien des cas. — Les alluvions modernes sont argileuses ou marneuses, humides, même marécageuses en plusieurs points. — Altit. princip. : 81 m. près du ruisseau de Bourgeron, au S.-E. de Sorbon; 143 m. sur le monticule à l'ouest, près de la limite du territoire; 144 m. sur la hauteur au N.-E. près de la limite. — Trois sources, de débit faible, mais ne tarissant pas; l'une d'elles, dite des *Trois-Saules*, sourd à 100 m. environ au sud du village. 50 puits, d'une profondeur moyenne de 12 m., dont la plupart tarissent.

Sorcy et **Bauthémont.** (Novion-Porcien). — Pop. 460. — DD. 31 kil. — DA. 14 kil. — DC. 13 kil. — *Ecarts* : Bauthémont, section; les Etots, Risquetout. — Sup. 1,114 hect. : jardins, vergers, 33; terres lab. 697; prés, 87; vignes, 1; bois, 258; terres vagues, 2; cult. div. 2. — A3, A4, M3, M4, Gl4, V3, Gr3. — Les alluvions anciennes occupent la plus grande partie du territoire (580 hect.); elles reposent sur les sables verts et l'argile du gault, qui affleurent sur une étendue de 216 hect., et sur la marne crayeuse, qui se montre à la surface du sol dans la région sud-ouest (244 hect.). Le calcaire à astartes apparaît sur les flancs de la petite vallée du Foivre (14 hect.). Enfin, dans le fond de la vallée où coule le ruisseau de Saulces, il y a un peu de terrain d'alluvion moderne, argileuse, assez humide (60 hect.). — La marne est glauconieuse à sa partie inférieure; au-dessus, elle est grisâtre ou blanchâtre; elle convient pour l'amendement des terres de cette commune, qui pour la plupart sont privées de calcaire. — Extraction de nodules de chaux phosphatée.

La couche, qui a en moyenne 0 m. 20 d'épaisseur, repose généralement sur le sable vert et elle est recouverte par l'argile du gault. Voici quelle est la composition d'un échantillon de nodules pulvérisés au moulin de Sorcy en 1874 :

Eau, matières organiques, acide carbonique	8 50
Sable et argile....................................	37 50
Acide phosphorique................................	16 14
Autres matières....................................	37 86
	100 »
Phosphate tricalcique correspondant...............	35 23

On trouve le calcaire à une profondeur d'environ 4 m. au-dessous des nodules. — Les alluvions anciennes consistent en limon et en une argile sableuse grise, veinée de jaune, formée aux dépens du gault. — Altit. princip. : 93 m. dans la vallée du ruisseau de Saulces, près des Etots; 134 m. à 1,200 m. N. de Sorcy; 138 m. à 800 m. E. — La commune est alimentée par deux fontaines, et par une cinquantaine de puits, de 12 à 15 m. de profondeur, qui ne tarissent généralement pas. Il y a en outre sur le territoire 7 autres sources, assez régulières. — Un moulin à eau à deux paires de meules, servant à la pulvérisation des nodules.

Tagnon. (Juniville). — Pop. 1,118. — DD. 51 kil. — DA. 10 kil. — DC. 9 kil. — *Ecarts* : la Cervelle, le Moulin-à-vent. Halte du chemin de fer de Reims à Mézières. — Sup. 2,397 hect. : jardins, vergers, 17; terres lab. 2,076; bois, 258; terres vagues, 2. — Cr1, Cr2, gc1, Sa2, A3. — Territoire faiblement ondulé. Altitudes de 87 m. à la limite sud, sur le ruisseau Pilot; 149 m. sur le monticule à 2,400 m. N. du village; 149 m. sur la hauteur à la limite est. — La craie (1,221 hect.) et les alluvions anciennes (1,168 hect.) se partagent à peu près également le territoire; faible étendue d'alluvions modernes (8 hect.). — La craie est exploitée; mais les matériaux qu'elle fournit ne servent que pour les fondations, car, depuis plusieurs années, on construit en briques ou en pierres de provenance étrangère. Quelques poches de grève crayeuse, ou *arzille*, disséminées à la surface de la craie. — Le limon atteint parfois 3 m. d'épaisseur, et même davantage. Près de Tagnon, grande carrière de 7 à 8 m. de profondeur, dans laquelle on observe, à partir du haut : 1° 0 m. 80 d'argile sableuse rougeâtre, à peu près privée de carbonate de chaux; 2° 2 m. de sable argileux calcaire, jaunâtre, mêlé d'un peu de grève; 3° de la grève crayeuse avec un lit mince intercalé d'argile brune. On fabrique des carreaux de terre, simplement séchés à l'air libre, en mélangeant deux parties de sable argileux avec une partie de grève; ces carreaux, dont les dimensions sont 9, 12 et 28 centim., se vendent 12 fr. 50 le mille. — Les meilleures terres sont les terres blanches crayeuses. On peut mettre sur le même rang les terres rouges, épaisses, à sous-sol crayeux; quand le sous-sol est grèveux, ces terres sont beaucoup moins estimées, car elle se dessèchent alors trop rapidement. — Composition de l'argile rougeâtre de la carrière près de Tagnon (1); de l'argile brune intercalée dans la grève, même provenance (2); d'un sable argilo-calcaire jaunâtre, près la ferme de la Cervelle (3); d'une terre grisjaunâtre avec fragments crayeux, près du Grand-Bois (4) :

	1	2	3	4
Eau hygrométrique	4 50	6 »	1 30	2 50
Eau combinée et matières organiques	4 »	6 »	5 70	6 »
Sable et argile	73 30	66 70	56 90	37 85
Silice soluble dans la potasse	10 80	12 »	4 90	5 »
Alumine	3 70	4 30	2 80	2 10
Oxyde de fer	3 50	4 55	1 75	2 60
Carbonate de chaux	» 20	» 45	26 65	43 95
Carbonate de magnésie	traces	traces	traces	traces
	100 »	100 »	100 »	100 »

— Au pied du village, sourdent quelques petites sources, qui tarissent généralement une partie de l'année, sauf les années humides, et alimentent le ruisseau Pilot. Il y a dans le village environ 350 puits, dont la profondeur moyenne est de 20 mètres ; dans la partie haute, ils mesurent même 70 mètres. Dans les années exceptionnellement sèches, on est obligé de curer ces puits avec soin et de les recreuser ; mais il n'y a pas d'exemple d'un tarissement général. Quelques citernes et mares pour les bestiaux. — Un moulin à vent à deux paires de meules. Une brasserie, activée par une machine à vapeur de 4 chevaux. Une fabrique de navettes, activée par une machine à vapeur de 2 chevaux. Machine à vapeur de 4 chevaux dans une exploitation agricole.

Taizy. (Château-Porcien). — Pop. 237. — DD. 49 kil. — DA. 9 kil. — DC. 2 kil. — *Ecart :* la filature de Saint-Pierre. — Sup. 911 hect. : jardins, vergers, 14 ; terres lab. 831 ; prés, 19 ; vignes, 7 ; bois, 9 ; terres vagues, 4. — M3, Cr2, gc1, Sa2, A3. — Sol assez accidenté : altitudes de 77 m. dans la dépression au sud de Taizy ; 110 m. à 1,800 m. S., sur le chemin de Tagnon ; 136 m. à *la Croix-l'Ermite.* — Le village est situé sur la rive gauche de l'Aisne, adossé à un coteau de craie marneuse (96 hect.) ; le fond de la vallée est occupé par des alluvions modernes (68 hect.), et le reste du territoire est constitué par la craie blanche, à fleur du sol dans la partie méridionale (320 hect.), ou couverte par des alluvions anciennes (427 hect.). — Les alluvions anciennes comprennent deux parties : le limon inférieur, sablo-argileux calcaire, gris, jaunâtre, et le limon supérieur, argilo-sableux, rougeâtre, privé de calcaire. — Pas de source connue. 34 puits, d'une profondeur moyenne de 8 m., creusés jusqu'au niveau de la rivière et par conséquent intarissables. — Une filature de laine, activée par une roue hydraulique de 15 chevaux et une machine à vapeur de 20 chevaux.

Le Thour. (Asfeld). — Pop. 610. — DD. 65 kil. — DA. 24 kil. — DC. 10 kil. — *Ecarts* : le hameau de Bethancourt, la ferme de la Croix, Gerzicourt. — Sup. 1,662 hect. : jardins, vergers, 21; terres lab. 1,480; prés, 12; vignes, 3; bois, 104; terres vagues, 3. — Cr1, Cr2, gc1, A2, A3, Sa2. — Le village est situé au confluent des deux ruisseaux de Nizy-le-Comte et de Lor, dont la réunion constitue le ruisseau des Barres, affluent de l'Aisne. Altit. princip. : 80 m. dans la vallée, au N. du Thour; 124 m. à la limite N., au-dessus de la *Croix-Ployard* ; 127 m. à la limite N.-E. — Les plateaux sont couverts de limon (760 hect.); la craie affleure sur les pentes (698 hect.), et les alluvions modernes dans le fond des deux petites vallées (204 hect.). — On trouve au milieu de la craie quelques couches d'un calcaire blanc plus dur que la masse principale; on exploite ces couches pour la construction. — Le limon est quelquefois assez puissant, mais il forme le plus souvent un dépôt peu épais; au-dessous ou à la surface du sol, dans la craie, poches de grève crayeuse. On amende avec la craie les terres limoneuses, généralement privées de carbonate de chaux. — Les alluvions modernes sont argileuses, jaune rougeâtre; une partie des prairies qu'elles portaient ont été défrichées. — Six sources principales, ne tarissant presque jamais. 72 puits, qui ne tarissent que dans les années très-sèches; leur profondeur moyenne est de 8 m. dans la partie basse du village, et de 26 m. dans la partie haute. — Une briqueterie à la houille. Un four à chaux. Une brasserie. Une machine de 4 chevaux pour le battage du blé.

Thugny-Trugny. (Rethel).—Pop.718.—DD. 41 kil.
— DA. 7 kil. — *Ecarts* : Trugny, section ; le Moulin,
l'Ecluse. — Sup. 1,341 hect. : jardins, vergers, 30 ; terres
lab. 1,105 ; prés, 100 ; bois, 51 ; terres vagues, 3. — M3,
A3, AC3.—Le village est bâti sur la rive gauche de l'Aisne.
Les alluvions modernes sont très-développées (420 hect.);
la pente de la vallée est constituée par la marne crayeuse
(785 hect.), que couronnent, dans la partie méridionale du
territoire, la craie blanche (112 hect.) et un îlot de limon
(24 hect.). — La marne crayeuse donne en général de bonnes
terres, propres à la culture du blé; elle présente çà et là, à sa
surface, des terres grises avec fragments crayeux, analogues à celles d'Acy-Romance. — Sur la craie blanche,
un peu de grève crayeuse. Carrières de craie. — Altit.
princip. : 77 m. dans la vallée, près de Trugny ; 134 m. au
Moulin-à-vent. — Trois sources, dont deux sont assez
régulières et intarissables. 125 puits, d'une profondeur
moyenne de 15 m., dont la plus forte partie tarit dans les
années sèches. Citerne. — Un moulin à vent à deux paires
de meules.

Vaux-lès-Rubigny. (Chaumont-Porcien). — Pop.
166. — DD. 44 kil. — DA. 29 kil. — DC. 7 kil. — *Ecarts* : le
Moulin, la Briqueterie. — Sup. 392 hect. : jardins, vergers,
29 ; terres lab. 316 ; prés, 32 ; bois, 5. — M3, M4, A3, A4,
St. — Le village de Vaux est situé sur le penchant d'un
coteau, constitué par la marne crayeuse, qui affleure sur une
étendue de 144 hect., et qui est recouverte par le limon sur
la plus grande partie du territoire (224 hect.); dans le fond
de la vallée, il y a un peu d'alluvion moderne (24 hect.) —
Le limon a une assez grande épaisseur sur le plateau; on
l'emploie pour la fabrication des briques. Il donne de
bonnes terres, propres à la culture du blé, que l'on marne

avec la craie marneuse du sous-sol. — A la surface de la marne, on trouve çà et là des silex, isolés ou noyés dans une argile grasse. — Le sable pur de l'époque tertiaire se montre sous le limon, au sud-ouest de Vaux, près de la limite du territoire. — Dans le village, trois sources intarissables forment un petit ruisseau qui se jette dans la Serre, à la limite méridionale du territoire. En outre de ces sources, il y a 8 puits, dont la profondeur moyenne est de 13 m., et dont quelques-uns tarissent dans les sécheresses. — Un moulin à farine à une paire de meules. Pressoir à manége. Briqueterie.

Vaux-Montreuil et **Wignicourt**. (Novion-Porcien). — Pop. 547. — DD. 27 kil. — DA. 18 kil. — DC. 12 kil. — *Ecarts* : Wignicourt, section érigée récemment en commune distincte; le Pas, Cohault, Neuf-Moulin. — Sup. 1,284 hect. : jardins, vergers, 16; terres lab. 1,115; prés, 41; vignes, 8; bois, 59; terres vagues, 15. — A3, A4, Sa3, V2, Gl4, C2, C3, M3. — Le territoire de cette commune est sillonné de vallées profondes, creusées dans les calcaires coralliens (416 hect.), et au fond desquelles il y a un peu de terrain d'alluvion moderne (36 hect.). Le groupe oxfordien, qui présente un si grand développement dans les communes voisines d'Hagnicourt et Villers-le-Tourneur, apparaît au-dessous du groupe corallien, dans la petite vallée où coule le ruisseau d'Hagnicourt (20 hect.). Au-dessus des calcaires coralliens, on voit le calcaire à astartes (32 hect.) qui, dans cette région, se réduit à une épaisseur de plus en plus faible, pour disparaître tout-à-fait à l'ouest de Saulces-Monclin. Ensuite vient le gault, qui n'affleure que sur une bande étroite, suivant les sinuosités des vallées (192 hect.), pour être recouvert sur les plateaux par les alluvions anciennes (588 hect.). — Les calcaires

coraliens sont généralement blancs, assez durs; exploités
comme moellons et matériaux d'empierrement; remarquables par leurs nombreux fossiles, *polypiers*, *nérinées*, etc.
On les utilise aussi pour la fabrication de la chaux. Quelques
bancs de calcaire blanc, grisâtre, friable, qui convient pour le
marnage des terres. Ils donnent des terres calcaires, généralement sèches, mélangées quelquefois d'éboulis de sables
verts et d'argile du gault qui modifient heureusement leur
composition. A la surface du calcaire, se trouve çà et là
une argile rouge, pénétrant dans les anfractuosités du
sous-sol, et contenant des polypiers silicifiés (Cohault). —
Le groupe du calcaire à astartes présente surtout des
bancs minces, oolithiques et ferrugineux, avec des couches
de marne et de calcaire marneux. — Les sables verts
contiennent des nodules de phosphate de chaux, exploités sur plusieurs points. — Les alluvions anciennes
consistent en argile sableuse à éléments très-fins et en
limon. Ces terres sont privées de calcaire, de même que
celles du gault et des sables verts, et il convient de les chauler ou de les marner; les matériaux d'amendement ne
manquent pas dans cette commune. — Vaux-Montreuil
fait partie de la région dite *des Quatre Vallées*, caractérisée
par la culture des arbres fruitiers, pommiers, poiriers,
noyers, pruniers et cerisiers. — Le Pas et Wignicourt
sont traversés par le ruisseau du Foivre, qui reçoit sur sa
rive gauche le petit ruisseau d'Hagnicourt; à Vaux-
Montreuil, source tarissant dans les sécheresses. Il y a,
en outre, sur le territoire, plusieurs autres sources assez
régulières. 60 puits, dont la profondeur moyenne est de
10 m. à Vaux-Montreuil, 6 m. 50 à Wignicourt, 7 m. 50
au Pas. Citernes à Vaux-Montreuil. — Deux moulins à
farine à deux paires de meules, sur le Foivre; l'un d'eux
possède une machine à vapeur de 8 chevaux. Un four à
chaux. Briqueterie.

Vieil-Saint-Remy.(Novion-Porcien).—Pop. 1,059.—
DD. 24 kil.—DA. 19 kil.—DC. 7 kil.—*Ecarts* : la Haute et
la Basse-Naugérin, la Bâlonnerie, le Beaufaï, le Blanc-Triot,
la Bourjotterie, la Briqueterie, les Finets, la Fosse-Mouil-
lée, Hameuzy, les Hayes, le Haut et le Bas-Lanzy, Mahéru,
Margy, le Mussot, le Parlier, les Ronceaux, la Rout-
terie, les Tavernes, les Anceaux, la Bourinerie, la
Cressonnière, les Huberts, les Vallées.—Sup. 2,257 hect. :
jardins, vergers, 62; terres lab. 1,586; prés, 216; bois, 323;
cult. div. 1.— MS3, MS4, MF3, AF3, M3, C2, C3, V3, Gl4,
A3, A4. — Le groupe oxfordien, qui a une grande importance dans cette commune, se développe dans la partie
septentrionale du territoire (1,185 hect.). Dans les petites
vallées qui sillonnent la partie méridionale, se montrent
les calcaires coralliens (132 hect.). Les sables verts et
l'argile du gault reposent en stratification discordante sur
les deux groupes précédents (440 hect.) et sont masqués
sur les plateaux par des alluvions anciennes (500 hect.).
— L'étage oxfordien comprend les sous-groupes de la
roche siliceuse, de l'oolithe ferrugineuse et de la marne
supérieure. La roche siliceuse se montre surtout au nord
(Hameuzy, la Naugérin, les Huberts, la Bourjotterie, etc.);
elle est plus ou moins tendre et alterne avec des calcaires
marneux ou des marnes en bancs minces. L'oolithe ferrugineuse, caractérisée par la présence du minerai de fer
en petits grains, disséminés dans une argile rougeâtre ou
dans des calcaires friables, plus ou moins marneux, se
trouve au-dessus; le minerai a été exploité en plusieurs points, notamment près de la Bâlonnerie et de la
Bourjotterie; les calcaires friables sont employés, sous le
nom de *castine*, pour l'amendement des terres privées
de carbonate de chaux. L'argile rougeâtre à minerai
recouvre toujours l'oolithe ferrugineuse, et remplit des

poches ou des nids creusés dans cette roche et qui doivent sans doute leur origine à l'action d'eaux acides contenant de la silice en dissolution; on y trouve, noyés dans la masse, des fragments de calcaire à angles vifs et de nombreux fossiles silicifiés. En quelques points, notamment à Lanzy-Haut, cette argile renferme des concrétions siliceuses, semblables à celles qui sont connues sous le nom de *cailloux de Stonne* dans l'arrondissement de Vouziers. Enfin la marne supérieure, dont l'épaisseur est assez faible, est compacte, de couleur gris-clair ou blanchâtre; l'affleurement en est souvent masqué par des éboulis des roches supérieures; mais on peut l'observer près du chemin de fer à l'est de Vieil-Saint-Remy, à moitié chemin entre Vieil-Saint-Remy et Margy, à Lanzy-Haut et sur toute la côte qui se prolonge à l'ouest par Lanzy-Bas, les Ronceaux, etc. Les terres qui recouvrent les roches oxfordiennes sont, on le conçoit, de nature très-variée : marno-siliceuses, marno-ferrugineuses, argilo-ferrugineuses ou marneuses; elles ont besoin d'être assainies par le drainage dans la plupart des cas. — Les calcaires coralliens sont généralement compactes, blancs ou blanc-grisâtre, assez durs, quelquefois oolithiques; on y trouve aussi des calcaires friables. Carrières de moellons et de matériaux d'empierrement. Le ruisseau de la Bourinerie se perd, au-dessous de Margy, dans une fissure de ces calcaires, pour reparaître un peu plus loin. A la surface, on observe çà et là une argile brune ou rougeâtre, d'épaisseur irrégulière, qui suit les ondulations du sous-sol et pénètre dans ses anfractuosités. — Les sables verts contiennent, comme partout, des nodules de phosphate de chaux. Quand ils affleurent, ils donnent des terres sableuses, légères; mais ils sont presque toujours recouverts par le gault, avec terres fortes, imperméables; à drainer et à chauler. — Les alluvions anciennes consistent surtout en une argile sableuse jaune, bigarrée de gris ou de rouge, à pâte fine, qu'il convient de chauler ou de marner comme les précédentes ; ces terres sont moins fortes et moins humides que celles du gault, mais il est généralement utile de les drainer aussi. — Composition d'une terre argileuse rougeâtre, avec petits fragments calcaires, pénétrant dans les anfractuosités du calcaire corallien, à Margy (1) ; d'un échantillon de limon jaunâtre superposé à cette argile (2) ; d'une argile sableuse bigarrée de rouge et de jaune sur le gault, entre Margy et les Ronceaux (3) :

	1	2	3
Eau hygrométrique	2 30	4 »	2 70
Eau combinée et matières organiques	3 90	5 »	5 30
Sable et argile { Silice	71 80	70 10	68 50
Sable et argile { Alumine		4 45	9 80
Argile décomposée par l'acide (Silice	13 60	7 30	6 15
chlorhydrique (Alumine.	4 50	3 45	2 50
Oxyde de fer	3 20	4 50	4 35
Carbonate de chaux	» 70	1 20	» 70
Carbonate de magnésie	traces	traces	traces
	100 »	100 »	100 »

— Culture des arbres fruitiers. — Sol passablement accidenté. Alt. de 184 m. au sud de Vieil-Saint-Remy ; 208 m. au Moulin-à-Vent ; 242 m. au Signal de Saint-Remy ; 249 m. à la limite du territoire, près de la Crête (Neuvizy). — Un petit ruisseau traverse le village ; son titre hydrotimétique est de 26° 1/2 à Vieil-Saint-Remy et de 28° à Lanzy-Bas. Dans le village, il y a une source et une centaine de puits, creusés dans le terrain oxfordien, dont la profondeur moyenne est de 5 mètres et qui tarissent pour la plupart dans les grandes sécheresses ; le titre de l'eau d'un de ces puits est de 35°. A Margy, les puits, creusés dans le calcaire corallien, ont 7 à 8 mètres ; l'eau du puits de l'auberge titre 31° 1/2. On connaît neuf sources sur le territoire ; leur débit est faible et elles tarissent quelquefois ; on les utilise pour les irrigations. —Lavoirs à minerai de fer. Scierie locomobile de six chevaux.

Vieux-lez-Asfeld. (Asfeld).—Pop. 318. —DD. 65 kil. — DA. 24 kil. — DC. 1 kil. — Sup. 666 hect. : jardins, vergers, 21 ; terres lab. 514 ; prés, 94 ; vignes, 7 ; bois, 6 ; terres vagues, 2. — Cr2, AC3, A3, A4, Sa2. — Le territoire est situé sur la rive gauche de l'Aisne, dont les alluvions sont argileuses, assez humides (208 hect.). Le limon (168 hect.) et la craie blanche (290 hect.) se partagent le reste du sol. — Près de Vieux, dans la vallée, gravier de l'Aisne, composé de fragments de craie, de silex noirs, de galets de calcaire jurassique, etc. — Près de l'Ecluse, on peut étudier les alluvions anciennes, représentées par des lits alternatifs de sable grossier, gris et verdâtre, de marne blanche, de cailloux roulés de calcaire compacte jurassique, de silex et de craie ; on voit aussi des blocs assez volumineux de grès quartzeux et de calcaire blanc ; des ossements d'animaux ont été trouvés au milieu de ce dépôt. A la surface, argile brune en poches ou en couche très-mince, servant à la fabrication des briques. — A 1 kilom. S.-E. de Vieux, on remarque sur la craie une sorte de boue crayeuse, avec petits fragments anguleux de la roche sous-jacente ; c'est la craie remaniée sur place ; 1 kilom. plus loin, sous les vignes, sur le chemin de Sault-Saint-Remy, grande carrière de craie, à la partie supérieure de laquelle se trouve un peu de terre grise argilo-calcaire. — Le limon donne de très-bonnes terres. — Aucune source. 80 puits, de 4 m. de profondeur moyenne, dont quelques-uns seulement tarissent dans les grandes sécheresses ; l'eau de l'un de ces puits titre 35° 1/2.

Villers-devant-le-Thour. (Asfeld). — Pop. 638. —
DD. 63 kil. — DA. 22 kil. — DC. 6 kil. — *Ecart* : le Tremblot. — Sup. 1,641 hect. : jardins, vergers, 12; terres lab.
1,525; prés, 3; vignes, 31; bois, 37; terres vagues, 3. —
Cr1, Cr2, A3, Sa2. — Le limon recouvre presque tout le
territoire (1,505 hect.), ne laissant affleurer la craie blanche
qu'en quelques points, sur de faibles étendues (104 hect.);
il y a, en outre, un peu d'alluvion moderne (32 hect.) sur
le bord du ruisseau des Barres, qui longe la limite N.-E.
— Carrières souterraines ou à ciel ouvert, dans lesquelles
on exploite la craie pour l'amendement des terres limoneuses. — La grève crayeuse n'affleure guère ; elle est
presque toujours recouverte par le sable argileux calcaire
gris et l'argile sableuse rouge du limon. — Au sud du
village, grande carrière où l'on voit de gros fragments de
craie, noyés dans la grève crayeuse; à la partie supérieure, nids de sable noirâtre ou grisâtre, puis argile rougeâtre. — L'argile rouge du limon affleure presque partout;
elle a une épaisseur variable, généralement faible, mais
qui atteint quelquefois 1 m. 20. Elle donne de bonnes terres,
d'une culture facile, propres à la culture du blé et de la
betterave, que l'on amende avec la craie ou avec les cendres
noires de l'Aisne. — Alt. princip. : 79 m. entre Villers et
le Tremblot; 97 m. à 1,400 m. N.-E. de Villers ; 136 m. à
l'*Arbre Caraffe.* — Aucune source. 120 puits, dont la profondeur moyenne est de 24 m., ne tarissant jamais. 8 citernes.
— Moulin à farine, muni de trois paires de meules, activé
par le ruisseau des Barres. Huilerie. Râperie de betteraves,
activée par une machine à vapeur de 10 chevaux. Machine
de 4 chevaux dans une exploitation agricole.

Villers-le-Tourneur. (Novion-Porcien). —Pop. 400.
— DD. 22 kil. — DA. 22 kil. — DC. 12 kil. — *Ecarts* :

Buissonwez, le Moulin de la Noue-Wargny. — Sup. 795
hect. : jardins, vergers, 22; terres lab. 492; prés, 71; bois,
175; terres vagues, 1. — MS3, MF3, AF3, M3, C2, V3,
Gl4, A3. — Le terrain oxfordien occupe la plus grande
partie du territoire (627 hect.); près de Buissonwez, commencent à se montrer les calcaires coralliens (64 hect.), qui
sont assez développés dans la commune de Vaux-Montreuil;
il y a enfin des lambeaux de sables verts avec nodules de
chaux phosphatée (44 hect.) et d'alluvions anciennes (60
hect.). — Le groupe oxfordien comprend : dans le nord,
la roche siliceuse alternant avec des marnes et des calcaires
marneux, bleuâtres, plus ou moins durs ; au centre,
l'oolithe ferrugineuse; et dans le sud, une couche peu
épaisse de marne grasse, représentant la partie supérieure
du groupe. L'oolithe ferrugineuse est la partie la plus
développée de la formation; le minerai de fer en grains est
exploité dans une argile rouge, qui ravine la roche calcaire
ferrugineuse et paraît avoir été formée à ses dépens. On
trouve aussi dans cette argile des fossiles silicifiés et des
concrétions siliceuses, analogues aux *Cailloux de Stonne*.
Les calcaires friables sont exploités, sous le nom de *castine*,
pour l'amendement des terres privées de carbonate de
chaux, que l'on trouve sur les sables verts et le gault, sur
les alluvions anciennes, et même sur le groupe oxfordien.
Les terres qui recouvrent ce groupe sont le plus souvent
argileuses ou marneuses, colorées en rouge par l'oxyde
de fer. — Le groupe corallien comprend des calcaires
marneux, recouverts par des calcaires à polypiers. On
observe çà et là, à leur surface, une argile rougeâtre,
avec nombreux fossiles silicifiés provenant du sous-sol;
le gisement fossilifère de Buissonwez est célèbre par les
beaux échantillons qu'il fournit. — Villers-le-Tourneur est
situé précisément sur la ligne de partage des eaux entre

le bassin de la Seine et celui de la Meuse. Une petite source, qui sourd au sud près du château, se rend en effet dans le ruisseau du Foivre, affluent de l'Aisne, tandis qu'une autre source, qui jaillit au nord, verse ses eaux dans la Vence, affluent de la Meuse. Buissonwez est traversé par un petit cours d'eau. Il y a dans le village 24 puits, ne tarissant pas ; ceux de la partie haute ont 14 à 15 m. de profondeur, tandis que ceux de la partie basse n'ont que 4 à 5 m. — Un moulin à farine, avec une paire de meules. Lavoirs à mine.

Wadimont. (Chaumont-Porcien). — Pop. 225. — DD. 44 kil. — DA. 26 kil. — DC. 5 kil. — *Ecarts* : la Maison-Rouge, la Vaugérard. — Sup. 647 hect. : jardins, vergers, 38 ; terres lab. 482 ; prés, 66 ; bois, 43 ; terres vagues, 1 ; cult. div. 1. — M3, A3, A4. — Le ruisseau de la Malacquise, qui forme la limite septentrionale du territoire, est bordé par une faible largeur d'alluvion (28 hect.) ; la marne crayeuse à fleur du sol (311 hect.) et les alluvions crayeuses qui la recouvrent (308 hect.) se partagent à peu près également le reste du territoire. — Les alluvions anciennes consistent surtout en une argile sableuse, rougeâtre, d'épaisseur irrégulière, avec silex. Les terres qu'elles fournissent, pauvres en carbonate de chaux, sont amendées avec la marne du sous-sol. — Dans le village, 12 puits, dont la profondeur moyenne est de 15 m., et qui tarissent dans les sécheresses. On connaît sur le territoire 6 sources, assez abondantes, intarissables, employées pour les irrigations.

Wagnon. (Novion-Porcien). — Pop. 501. — DD. 29 kil. — DA. 16 kil. — DC. 4 kil. — *Ecarts* : les Forges, Mortier, la Maison-Rouge, Mazagran. — Sup. 1,528 hect. :

jardins, vergers, 26 ; terres lab. 677 ; prés, 61 ; bois, 721 ;
terres vagues, 9. — MS3, MS4, MF3, AF3, M3, M4, C2,
V2, Gl4, S3, S4, A3. — Territoire accidenté. Altit. princ. :
118 m. dans la vallée, en aval du village ; 184 m. sur la
hauteur, à l'ouest de Wagnon, près de la route ; 186 m.
sur la hauteur à l'est ; 196 m. sur la hauteur au S.-E. du
Moulinet ; 214 m. sur la hauteur au N.-O. du Moulinet. —
La plus grande partie du territoire appartient au terrain
oxfordien (1,116 hect.); les calcaires coralliens lui sont superposés dans la vallée de Wagnon (84 hect.) ; les sables
verts avec nodules phosphatés et l'argile du gault recouvrent ces deux formations en stratification discordante,
sous forme de petits îlots ou de bandes étroites (76 hect.);
la gaize crétacée affleure sur le groupe oxfordien dans la
forêt de Saint-Martin, ainsi que sur la rive droite de la
vallée, en face de la ferme de Saint-Martin (72 hect.); enfin
les alluvions anciennes masquent le gault ou la gaize
sur les plateaux qui dominent cette vallée (180 hect.).—Le
groupe oxfordien présente : 1º la roche siliceuse alternant
avec des marnes schisteuses et du calcaire marneux,
bleuâtre, fossilifère, en bancs minces ; 2º les calcaires à
oolithes ferrugineuses, plus ou moins marneux, plus ou
moins friables, exploités, sous le nom de *castine*, pour
l'amendement des terres; 3º la marne grasse supérieure.
L'oolithe ferrugineuse est fréquemment recouverte par
l'argile rouge à minerai de fer, qui remplit des poches sinueuses creusées dans cette roche; on peut l'observer
notamment sur le plateau au N. des Forges. — Au sud de
Wagnon, grande tranchée du chemin dans laquelle on
remarque des poches ou ravins creusés dans le calcaire
corallien et remplis d'une argile brune, avec gros blocs
de silex à la partie inférieure et lits assez réguliers de
fragments calcaires à la partie supérieure. On voit là un

bel exemple de la transformation du calcaire en silex par des eaux fortement chargées d'acide carbonique et de silice. Lors du creusement du canal des Ardennes, on a extrait des carrières de Saint-Martin, dans le corallien, des pierres de taille et des moellons qui ont été employés pour la construction des écluses ; mais en général ces matériaux sont gélifs. — Il est assez difficile de distinguer la gaize crétacée de la roche siliceuse oxfordienne. — Les terres de cette commune sont de nature très-variée ; les terres fortes, humides, privées de calcaire, dominent ; aussi le drainage, le marnage et le chaulage sont des opérations à recommander, suivant les cas. — Il y a sur le territoire un grand nombre de sources, d'un faible débit, mais ne tarissant généralement pas ; la plupart sont employées pour les irrigations. Le village est bien pourvu d'eau par le ruisseau du Plumion, qui le traverse, par des sources et par une vingtaine de puits, creusés dans l'oxfordien, dont la profondeur moyenne est de 10 m. ; l'eau de l'un de ces puits titre 31° à l'hydrotimètre. — Deux moulins à eau à deux paires de meules. Une briqueterie. Une filature de laine peignée, activée par une roue hydraulique de 8 chevaux et une machine à vapeur de même force.

Wasigny. (Novion-Porcien). — Pop. 943. — DD. 40 kil. — DA. 18 kil. — DC. 6 kil. — *Ecarts* : la Briqueterie, le Moulin-des-deux-Fontaines, Bélair, Lisgarde, la Cense. — Sup. 998 hect. : jardins, vergers, 30 ; terres lab. 686 ; prés, 148 ; bois, 104. — M3, M4, C2, C3, Gl4, S3, A3, T5. — Le sol de cette commune est très-varié ; on y trouve le terrain oxfordien (20 hect.), les calcaires coralliens (74 hect.), le gault (26 hect.), la gaize (56 hect.), la marne crayeuse (120 hect.), les alluvions anciennes (522 hect.) et les alluvions modernes (180 hect.) — Nodules de phosphate de chaux dans les sables verts.—Les calcaires coralliens sont généralement assez durs; aussi on les exploite pour l'empierrement des chemins. On y observe beaucoup de polypiers. — Les alluvions anciennes consistent en limon, d'une épaisseur variable, mais dépassant rarement 3 m., qui s'étend sur les plateaux; ce limon est employé pour la fabrication des briques. A la surface des calcaires coralliens se trouve çà et là une argile glaiseuse brune, mêlée de fragments calcaires anguleux, privée néanmoins de carbonate de chaux, qui pénètre dans les anfractuosités du sous-sol. — Les terres limoneuses manquant de carbonate de chaux, il convient de les marner. Le drainage est à recommander pour les terres marneuses et les terres glaiseuses du gault, généralement humides; ces dernières doivent en outre être marnées, ou mieux chaulées. — Altit. princ. : 96 m. dans la vallée de la Vaux, près de la limite sud; 158 m. à l'est de Wasigny, près de la limite est. — Wasigny, situé sur les bords de la Vaux, est en outre pourvu d'eau par une source, par 80 puits, dont la profondeur moyenne est de 6 m. et qui ne tarissent jamais, et par 2 citernes. On connaît sur le territoire trois sources intarissables. — Deux moulins à farine, comprenant chacun deux paires de meules, l'un sur la Vaux, l'autre sur le ruisseau de la Draize; le premier est activé en outre par une machine à vapeur de 6 chevaux. Une brasserie avec une machine de 4 chevaux. Une fabrique de chicorée. Une briqueterie. Deux filatures de laine peignée sur la Vaux, activées par 2 machines à vapeur de 18 chevaux ensemble. Un atelier de mécanicien avec machine de 8 chevaux.

ERRATA.

─━◦○◦━─

TABLE ALPHABÉTIQUE

DES LOCALITÉS CITÉES DANS LE TEXTE

TABLE GÉNÉRALE DES MATIÈRES

EXTRAIT DU CATALOGUE

DE LA LIBRAIRIE E. JOLLY

STATISTIQUE agronomique et géologique de l'arrondissement de Vouziers, par MM. MEUGY et NIVOIT. 1 vol. in-8º. Prix................................ 6 fr.

CARTE géologique et agronomique de l'arrondissement de Vouziers, à 1/40000, par les mêmes auteurs, sur trois feuilles grand-aigle, teintée. Prix............. 6 fr.

CARTE géologique et agronomique de l'arrondissement de Rethel, par les mêmes. Prix...... 6 fr.

RECHERCHES sur l'emploi agricole des résidus de quelques usines, par MM. NIVOIT et LÉTRANGE. In-8º de 72 pages. Prix................................ 1 fr. 25

NOTIONS sur l'industrie dans le département des Ardennes, par ED. NIVOIT. 1 vol. in-12 avec deux planches. Prix................................ 2 fr. 50

GÉOGRAPHIE historique du département des Ardennes, par JEAN HUBERT. Ouvrage adopté par le Conseil de l'Instruction publique. 1 vol. in-12, avec une carte coloriée. Prix................................ 3 fr. 50

CARTE du département des Ardennes, dressée et corrigée, d'après les documents les plus récents, par une Société d'Ingénieurs et de Géomètres, publiée par E. JOLLY. Format grand-monde, coloriée.

    Prix : En feuille................................ 4 fr.
           Pliée dans un carton percaline.................. 5
           Découpée, collée sur toile.................... 6 50
           Montée, collée sur toile..................... 8

CARTE murale des Ardennes, par LEVASSEUR et CARRÉ, montée, collée sur toile................................ 10 fr.

CARTES cantonales du département des Ardennes, par VENDOL. — Prix de la collection des 31 cantons, 130 fr. Chaque canton pris isolément, 4 fr.; Mézières, 6 fr.; Sedan-Sud, 12 fr.; Sedan-Nord, 6 fr.; Charleville, 5 fr.; Givet, 5 fr.; Rocroi, 5 fr.; Vouziers, 5 fr.

TARIF pour la cubature des bois, par J. BAUDSON, 2e édit. 1 vol. in-18. Prix : broché, 1 fr. 50; relié basane, 2 fr. 25.

ALMANACH historique, commercial et agricole des Ardennes, paraissant tous les ans, publié par E. JOLLY. Prix : 50 cent.

CHARLEVILLE. — TYPOGRAPHIE F. DEVIN ET Cⁱᵉ.